Perthes GeographieKompakt

Ulrich Cubasch
Dieter Kasang

Anthropogener Klimawandel

KLETT-PERTHES
Gotha und Stuttgart

Die Deutsche Bibliothek – CIP-Einheitsaufnahme

Cubasch, Ulrich:
Anthropogener Klimawandel / Ulrich Cubasch ; Dieter Kasang. – 1. Aufl.. – Gotha:
Klett-Perthes, 2000
(Perthes Geographie kompakt)
ISBN 3-623-00856-7

ISBN 3-623-00856-7
1. Auflage

Redaktion: Stephan Frisch
Grafik: Norbert P. Noreiks, Hamburg
Druck und buchbinderische Verarbeitung: Druckhaus Th Müntzer, Bad Langensalza

http://www.klett-verlag.de/klett-perthes

Gedruckt auf Papier aus chlorfrei gebleichtem Zellstoff

Inhaltsverzeichnis

Einleitung

Am Ende des 20. Jahrhunderts hat sich das Verhältnis des Menschen zum Klima in bemerkenswerter Weise gewandelt. Die jahrhundertelang in der Wissenschaft und in populären Erklärungsversuchen herrschende Vorstellung, dass das Klima als etwas extern Vorgegebenes das menschliche Befinden, seine Gesundheit, seine Lebensweise, ja sogar ganze Zivilisationen entscheidend beeinflusst,[1] ist abgelöst worden durch die die Forschung wie die Öffentlichkeit bestimmende Diskussion über eine anthropogene Klimaänderung mit globaler Dimension. Es gilt heute nicht mehr als ausgemacht, dass bei Hitzewellen, Dürren, Überschwemmungen oder Stürmen, der Mensch nur den Gewalten der Natur ausgesetzt ist; vielmehr wird in den Naturgewalten ein menschlicher Anteil vermutet oder gar als erwiesen angesehen. Das Verhältnis zwischen Mensch und Klima wird somit nicht mehr als kausale Einbahnstraße wahrgenommen, sondern als unübersichtlich gewordene Wechselwirkung und ist damit im Bewusstsein von Wissenschaft und Öffentlichkeit offensichtlich einem ähnlichen Wandel unterworfen wie andere grundlegende Eigenschaften der modernen Industriegesellschaft.

Für namhafte Vertreter der Soziologie geht mit dem Ende des 20. Jahrhunderts eine historische Epoche zu Ende, die Epoche der Moderne, der Aufklärung, der staatlichen Organisation und der arbeitsteiligen Industriegesellschaft, die im modernen Sozialstaat ihren Höhepunkt gefunden hat, und es kündigt sich eine neue Epoche jenseits des Nationalstaats an, für die Globalität, Unübersichtlichkeit, Unordnung und die Virtualität der Telekommunikationsmedien die bestimmenden Merkmale sind.[2] In diesem Kontext hat auch die Beziehung des Menschen zur Natur durch die zunehmende ökologische Problematik eine neue Qualität angenommen. Die Ordnung der Moderne mit ihrer eindeutigen Trennung zwischen Natur und Kultur, in der die kulturelle Tätigkeit des Menschen die Natur als Ressource auffasste, wird abgelöst durch eine neue Unordnung vielfältiger Wechselbeziehungen zwischen natürlichen und kulturellen Phänomenen. Bereits die Entdeckungen der Quantenphysik haben im mikrophysikalischen Bereich bewusst gemacht, dass die Betrachtung das Betrachtete selbst verändert. Die komplexen Veränderungen der natürlichen Umwelt durch menschliche Aktivitäten zeigen in der Welt der Erfahrungen, dass der Wirkungszusammenhang zwischen Natur und Mensch nicht mehr linear zu verstehen ist. Die Natur ist nicht mehr nur die Bedingung für die Existenz des Menschen und bestimmt als Bedrohungs- oder Ressourcenpotential einseitig sein Wohlbefinden und sein Schicksal. Der Mensch wirkt auf die Natur zurück und die durch ihn verursachten Veränderungen der Natur wirken wiederum auf ihn, was den Menschen dann zu weiteren Veränderungen der Natur veranlasst. Auf diese Weise entstehen Rückkopplungsprozesse, deren Ergebnisse kaum noch festzumachen sind, sondern sich weitgehend in Unübersichtlichkeiten verlieren. In diesem Sinne sind Umweltprobleme und insbesondere das anthropogene Klimaproblem ein typisches Phänomen der „re-

---

[1] Stehr, N. und H. v. Storch (1999): Klima, Wetter, Mensch. München, S. 45 ff.; die Verfasser machen allerdings auch darauf aufmerksam, dass es bereits um die Wende vom 19. zum 20. Jahrhundert eine kurzfristige wissenschaftliche Diskussion um den menschlichen Einfluss auf das Klima gegeben hat (ebd., S. 62 ff.).

[2] Vgl. etwa Habermas, J. (1995): Die Neue Unübersichtlichkeit. Frankfurt a. M.; Habermas, J. (1998): Die postnationale Konstellation. Politische Essays. Frankfurt a. M.; Beck, U. (1986): Risikogesellschaft. Auf dem Weg in eine andere Moderne, Frankfurt a. M.; Beck, U. (1997): Was ist Globalisierung?. Frankfurt a. M.; Menzel, U. (1998): Globalisierung versus Fragmentarisierung. Frankfurt a. M.

flexiven Modernisierung".[1] Reflexive Modernisierung meint das Fragwürdig-Werden der geradlinigen Modernisierung der Industriegesellschaft durch deren eigene Nebenfolgen. Gerade der Siegeszug der industriellen Moderne hat jene ökologischen, sozialen und wirtschaftlichen Folgen hervorgebracht, die als Umweltbelastung, Arbeitslosigkeit oder Finanzkrisen die unreflektiert auf Wachstum setzende Industriegesellschaft zunehmend in Frage stellen. Eine blinde „Weitermodernisierung hebt die Grundlagen industriegesellschaftlicher Modernisierung auf."[2] Gerade die Ausblendung der ökologischen Frage etwa verschärft die ökologische Krise. Die moderne Gesellschaft ist daher um ihres Überlebens willen gezwungen, sich selbst zu hinterfragen, sich der eigenen Dynamik und ihrer Folgen bewusst zu werden. Der anthropogene Treibhauseffekt stellt ohne Zweifel eine beispielhafte Nebenfolge der rasanten Entwicklung der Industriegesellschaft und ihres explosionsartig wachsenden Energiekonsums dar.[3] Die menschengemachte Klimaänderung hat sich gleichsam schleichend und zunächst unbemerkt hinter dem Rücken der Industriegesellschaft ereignet. Sie ist eine der Nebenfolgen, die nicht eingeplant waren in dem fortschrittsgläubigen Konzept der modernen Wachstums- und Konsumgesellschaft. Nur durch einen sich auf deren Nebenfolgen beziehenden reflexiven Akt der Wissenschaft konnte sie überhaupt erst ans Tageslicht geholt werden.

Inzwischen findet die Veränderung des weltweiten Klimas durch den Menschen wie wohl keine andere Umweltveränderung in den Medien, in der Politik und in der Wissenschaft eine außerordentlich starke Beachtung. Für kaum ein ungewöhnliches Wetterereignis versäumen es die Massenmedien, den anthropogenen Treibhauseffekt verantwortlich zu machen. Zu keinem anderen Umweltproblem hat es auch nur annähernd vergleichbare politische Reaktionen gegeben, wie sie die bisher fünf Weltklimakonferenzen von Rio de Janeiro 1992, Berlin 1995, Kioto 1997, Buenos Aires 1998 und Bonn 1999 darstellen. Die öffentliche Bedeutung des Themas fördert aber unübersehbar auch seinen Stellenwert in der Wissenschaft. So sucht der durch die Weltorganisation für Meteorologie (WMO) und das Umweltprogramm der Vereinten Nationen (UNEP) konstituierte Zusammenschluss der führenden Klimaforscher der Welt im Intergovernmental Panel of Climate Change (IPCC), der in Abständen von einigen Jahren den Stand des wissenschaftlichen Wissens zum anthropogenen Treibhauseffekt in gewichtigen Publikationen zusammenträgt,[4] in der modernen Wissenschaftsgeschichte wohl seinesgleichen.

Der großen wissenschaftlichen und gesellschaftlichen Beachtung des anthropogenen Klimawandels steht allerdings seine geringe Erfahrbarkeit gegenüber. Was wir über den vom Menschen verursachten Klimawandel wissen, stammt (zumindest gegenwärtig) nicht aus der Erfahrung, sondern ist bestenfalls ein "wissenschaftliches Konstrukt", genauer ein Konstrukt Computer gestützter Modellsimulationen, die in einer Art Ersatzrealität gegenwärtige Klimaänderungen und ihre Ursachen sowie Prognosen über das künftige Klima erstellen.[5] Anders als viele andere Nebenfolgen der Industrie-Moderne wie Arbeitslosigkeit oder Woh-

---

1 BECK, U., A. GIDDENS und S. LASH (1996: Reflexive Modernisierung. Frankfurt a. M.

2 ebd., S. 50

3 Zum Klimawandel im Kontext der „reflexiven Modernisierung" vgl. auch BECHMANN, G. u.a. (1996): Sozialwissenschaftliche Konzepte einer interdisziplinären Klimawirkungsforschung. Karlsruhe, S. 34 ff.

4 Die wichtigsten Berichte zum Wissensstand über den Klimawandel sind HOUGHTON et al. (1990): Climate Change. The IPCC Scientific Assessmant. Cambridge; HOUGHTON et al. (1992): Climate Change 1992. Cambridge; HOUGHTON, J. T. et al. (1996): Climate Change 1995. The Science of Climate Change. Cambridge; ein Nachfolgebericht ist in Arbeit; weitere Berichte sind zu den Folgen des Klimawandels und den möglichen Maßnahmen erschienen

nungsnot, die Verschmutzung von Gewässern oder der Luft ist das anthropogene Treibhaus-Problem nicht aus der Alltagserfahrung abgeleitet, sondern von der Wissenschaft entdeckt und in der Wissenschaft ausdifferenziert worden. Was davon aus dem wissenschaftlichen Raum nach außen, in die Gesellschaft, dringt, unterliegt vielfältigen Transformationsprozessen durch Medien, Bildungseinrichtungen oder die Politik. Daraus bildet sich eine neue Vorstellung über das Klimaproblem, das „soziale Konstrukt" des anthropogenen Klimawandels. Die gesellschaftliche Wahrnehmung des Klimawandels kann sich von der wissenschaftlichen Erkenntnis weit entfernen. Sie kann sie bis zur Katastrophe überzeichnen wie in der verbreiteten Meinung, dass ‚die Pole abschmelzen' und dadurch der Kölner Dom im Meer versinken würde; sie kann sie verzerren und verfälschen wie in der Vorstellung, dass die anthropogene Erwärmung durch das Ozonloch verursacht werde; sie kann sie gänzlich leugnen, da die Erfahrung keine Veränderung des Klimas belege; oder sie kann sie bei jedem extremen Wetterereignis voreilig bestätigt finden.

Dieses Buch will dazu beitragen, den Abstand zwischen dem wissenschaftlichen und dem sozialen Konstrukt des menschengemachten Treibhauseffekts zu verringern. Mit seiner Veröffentlichung ist die Hoffnung verbunden, all jenen eine wissenschaftliche Grundlage ihrer Kenntnisse anbieten zu können, die im Bildungssektor oder in der Öffentlichkeitsinformation Wissen über den Klimawandel vermitteln bzw. es z.B. in der Agenda-21-Arbeit als Entscheidungsgrundlage für ihr eigenes Handeln und Verhalten brauchen. Das Buch möchte damit vor allem der – keineswegs als wichtig und sinnvoll bestrittenen – Vermittlung des Themas in den Massenmedien, die notwendig ihren eigenen Vermarktungsgesetzen folgt,[6] ein Korrektiv entgegensetzen, das den Stand der Forschung dokumentiert, gesicherte Ergebnisse begründet darlegt und das weiterhin vorhandene Feld des Nicht-Wissens bewusst macht. Die Autoren stützen sich bei dieser nicht einfachen Aufgabe größtenteils auf jene wissenschaftliche Literatur, die auch den IPCC-Berichten zugrundeliegt, und folgen dem Mainstream der Forschung.

Entstanden ist das Werk aus der Kooperation zwischen einem Wissenschaftler (Ulrich Cubasch) und einem Lehrer (Dieter Kasang), die seit mehreren Jahren am Deutschen Klimarechenzentrum und Max-Planck-Institut für Meteorologie in Hamburg mit dem Ziel zusammenzuarbeiten, aktuelle Forschungsergebnisse über den anthropogenen Treibhauseffekt für den Bildungssektor aufzuarbeiten. Die Arbeit an dieser Thematik wurde durch die Hamburger Schulbehörde, das Alexander-von-Humboldt-Gymnasium in Hamburg und zahlreiche Personen der beiden wissenschaftlichen Institute ermöglicht und gefördert, denen wir hier herzlich danken möchten. Insbesondere gilt unser Dank Reiner Schmitz, Uwe Heinrichs, Herbert Hollmann, Krista Ernst-Fischer und Jürgen Marek für die organisatorische Unterstützung der Arbeit, Ernst Maier-Reimer, Martin Heimann, Josef Oberhuber, Reinhard Voß, Johann Feichter, Hans Luthardt für die fachliche Beratung, Marion Grunert und Norbert Noreiks für die Herstellung und Bearbeitung zahlreicher Abbildungen, Jörg Wegner und Hans-Hermann Winter für technische Hilfe und Theda Schuhmann und Cornelia Cubasch für die sprachliche Durchsicht des Manuskripts.

---

5 Bechmann, G. u.a. (1996): Sozialwissenschaftliche Konzepte einer interdisziplinären Klimawirkungsforschung. Karlsruhe, S. 126: Storch, H. v. (1999): Das Klimasystem und seine Modellierung. Eine Einführung. Berlin, Heidelberg, S. 124

6 Vgl. dazu die selbstkritische Darstellung eines Journalisten: Bieber, H. (1997): Wahrheit und Wahrnehmung, – Die Kluft zwischen wissenschaftlicher Erkenntnis und publizistischer Vermarktung, in: Barz, W. u.a.: Globale Umweltveränderungen. Symposium am 17. und 18. Juni 1996 in Münster, S. 233–242

1. Klimaänderungen

1.1. Temperaturzunahme im 20. Jahrhundert

1998: die höchste globale Durchschnittstemperatur seit über 100 Jahren!
Seit es verlässliche instrumentelle Messungen gibt, d.h. seit etwa 1860, war die bodennahe globale Durchschnittstemperatur der Erde nie so hoch wie im Jahr 1998. Bis dahin hatten das Jahr 1997 und davor 1995 und 1990 den Rekord gehalten. Aber auch die Jahre 1996, 1991 und 1994 übertreffen noch die globalen Mittelwerte aller früheren Jahre seit 1860, so dass die sieben wärmsten Jahre in diesem Jahrhundert alle in den 90er Jahren liegen.

Abb. 1.1 lässt erkennen, dass die aus dem Mittel aller Messstationen gewonnene globale Durchschnittstemperatur 1998 um 0,66 °C über dem Wert der Jahre 1951–1980 lag. 1990 war die Jahresdurchschnittstemperatur um 0,4 °C, 1995 um 0,44 °C und 1997 um 0,49 °C höher als das langjährige Mittel. Nur die relativ niedrigen, durch den Ausbruch des philippinischen Vulkans Pinatubo bedingten Temperaturen von 1992 und 1993 werden von früheren Werten übertroffen. Die Temperaturen vor 1910 lagen im Durchschnitt um 0,3 °C unter dem hier zugrunde gelegten Mittel. Vergleicht man die Mittelwerte über mehrere Jahre, erhält man einen Temperaturanstieg von etwa 0,6 °C in den vergangenen 100 Jahren. Dabei zeigen sich zwei Perioden mit einer deutlichen Temperaturzunahme: von 1910 bis Mitte der 40er Jahre und von 1976 bis 1998. Demgegenüber weisen die Perioden 1860–1910 und 1945–1975 keinen auffälligen Trend auf. Der Temperaturanstieg im 20. Jahrhundert vollzog sich also in zwei Schüben.

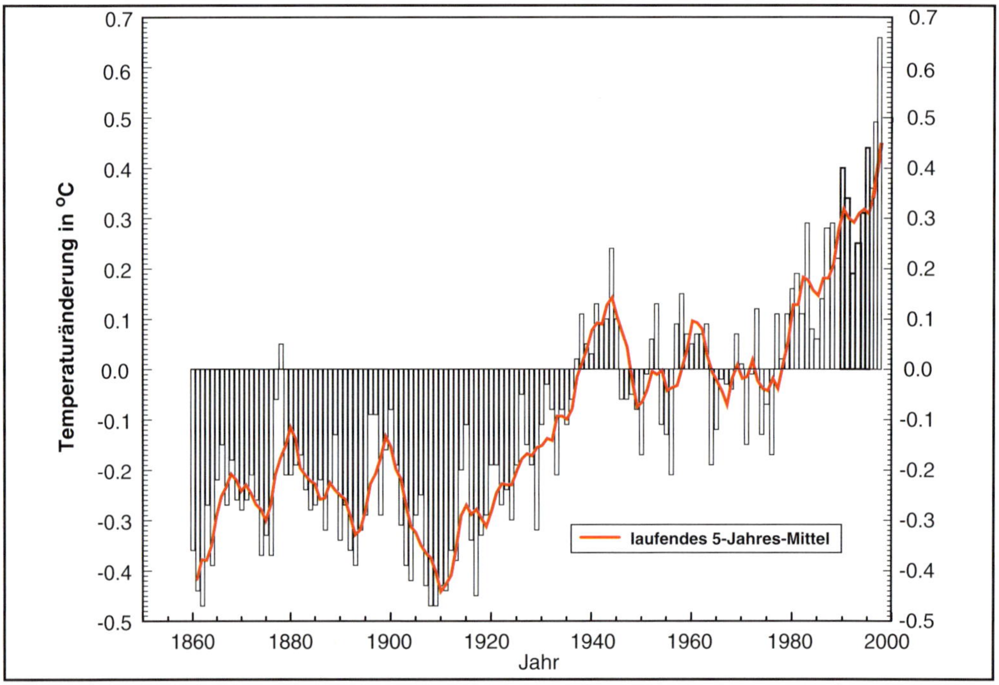

Abb. 1.1: Veränderung der globalen Mitteltemperatur 1860-1998
(Quelle: MPI/DKRZ)

Räumliche und zeitliche Muster der Erwärmung

Der hohe globale Mittelwert der 90er Jahre verteilt sich regional durchaus verschieden. Teile Sibiriens wiesen 1995 mit +3 °C die stärkste Abweichung vom Durchschnitt auf. Auch in Westeuropa gab es eine deutliche Anhebung des Mittelwertes. So lag die Durchschnittstemperatur für 1995 in den Niederlanden um 1 °C über dem Mittel von 1901–1987. Viele Stationen zeigten zudem außergewöhnlich hohe Extremwerte. In Mittelengland wurden im Juli und August mit 34 °C die höchsten Temperaturen seit 1659 gemessen. Auch das südliche Spanien wartete im Juli 1995 mit einer Rekordhitze von 47 °C in Sevilla und Cordoba auf. Im August 1998 wurden mit knapp über 40 °C an der Mosel die höchsten je gemessenen Temperaturen in Deutschland erreicht. Dagegen wiesen Grönland und der angrenzende Nordwest-Atlantik ähnlich wie die mittleren Breiten des Pazifik 1995 eine Abkühlung auf.

Betrachtet man längere Zeiträume, so ergeben sich charakteristische räumliche Muster in der Temperaturveränderung: Die Erwärmung ist stärker über dem Land, insbesondere über den großen Kontinentalmassen, als über dem Meer, das sich z. T. sogar abkühlt. Sie zeigt die höchsten Werte über Sibirien und Kanada, allgemein über den Kontinenten zwischen 40° und 70° nördlicher Breite. Über dem nordwestlichen Nordatlantik und über den mittleren Breiten des Pazifiks nahm die Temperatur ab. Ein weiteres Charakteristikum ist die stärkere Erwärmung über höheren Breiten im Vergleich zu den äquatornahen Zonen, in denen es auch über dem Land teilweise etwas kühler wurde. Neben dem horizontalen zeigt der Temperaturwandel der letzten Jahrzehnte auch ein charakteristisches vertikales Muster. So steht im Kontrast zu der Zunahme der bodennahen Temperatur eine Abnahme der Temperatur in der unteren Stratosphäre (in 17–22 km Höhe). Radiosonden- und Satellitenmes-

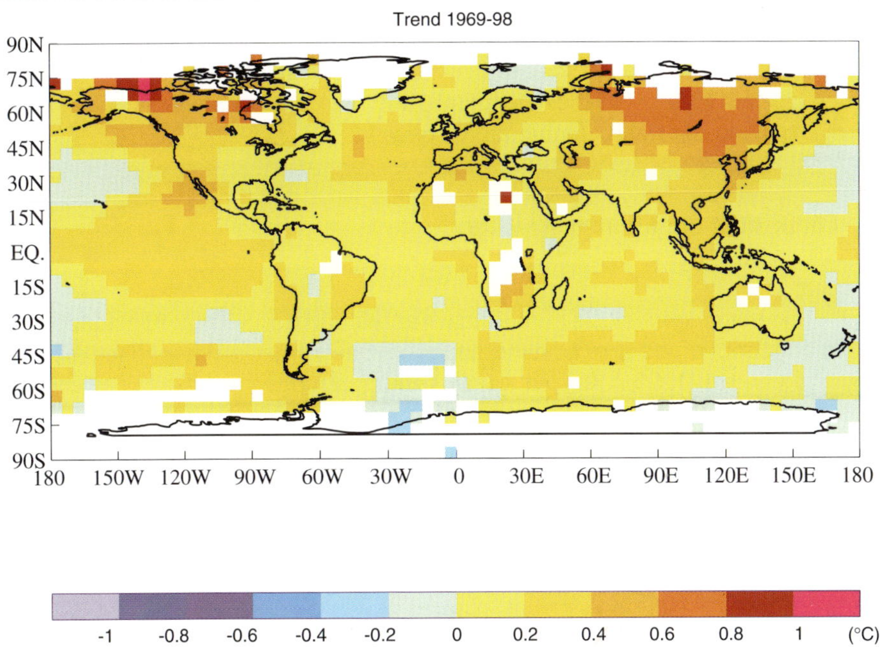

Abb. 1.2: Veränderung der globalen Sommertemperatur 1948-1997 in °C pro Jahrzehnt
(Quelle: MPI/DKRZ; für die weißen Flächen liegen nicht genügend Daten vor)

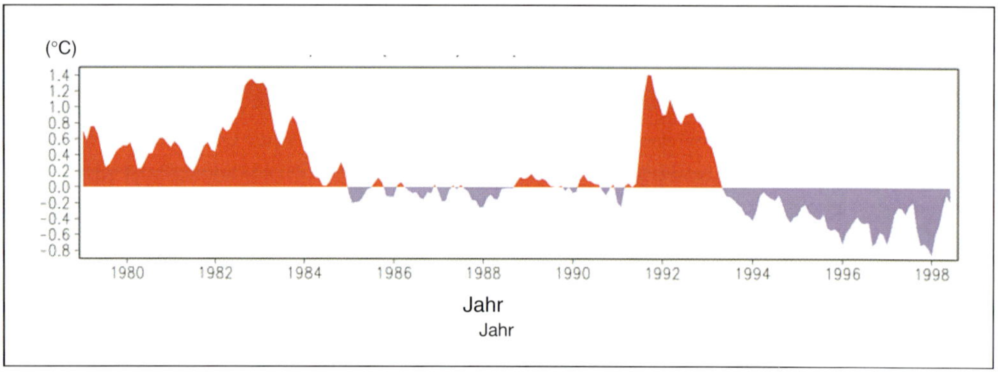

Abb. 1.3: Temperaturveränderung der unteren Stratosphäre (Quelle: MPI/DKRZ)

sungen ergeben eine Abkühlung von - 0,35 °C pro Jahrzehnt seit den 70er Jahren. Seit Beginn der Messungen war die Temperatur in der unteren Stratosphäre nie so niedrig wie in den letzten Jahren.

Abb. 1.3 zeigt die Abweichungen der globalen Mitteltemperatur in der unteren Stratosphäre vom Durchschnitt der Jahre 1979–1998. Der generelle Trend der Temperaturabnahme wird unterbrochen durch zwei markante, aber kurzfristige Erwärmungen, die durch die Vulkanausbrüche des El Chichon 1982 und des Mt. Pinatubo 1991 verursacht worden sind.

Immer mehr Daten deuten darauf hin, dass sich die Erwärmung der letzten Jahrzehnte stärker durch eine Anhebung der Minimal- als der Maximaltemperaturen vollzieht. Daraus ergibt sich vor allem eine Abschwächung des Unterschieds zwischen Tag- und Nachttemperaturen. In den meisten Fällen wird diese Verminderung des Tag-Nacht-Gegensatzes durch eine kräftigere Erhöhung der Nacht-Temperaturen bewirkt.

1.2. Ein Blick in die Klimageschichte

Die Eiszeit

Ein Blick in die Vergangenheit bis in die letzte Kaltzeit und davor zeigt: Klimaänderungen hat es seit jeher gegeben und anscheinend auch extreme Veränderungen innerhalb von Jahrzehnten. Während der letzten Kaltzeit, als die Gletscherzungen des skandinavischen Inlandeises große Teile Norddeutschlands bedeckten, war es im globalen Mittel etwa 4 °C kälter als heute. In der Übergangsphase dieser Klimaepoche zur gegenwärtigen Warmzeit, die etwa vor 11 000 Jahren begann, gab es heftige Temperaturschwankungen von 5–7 °C in wenigen Jahrzehnten, die die Änderungen der letzten 100 Jahre bei weitem übertrafen. Allerdings hat man Belege dafür bislang nur regional, d. h. auf Grönland und in der Nordatlantik-Region, gefunden. Wahrscheinlich ereigneten sich solche Klimawechsel aber auch in der letzten Kaltzeit selbst und möglicherweise auch in der Warmzeit davor, der Eem-Warmzeit. Demgegenüber weisen die letzten 10 000 Jahre, d. h. die gegenwärtige Warmzeit, ein ausgesprochen stabiles Klima auf. Dennoch hat es auch in der Nacheiszeit immer wieder Phasen gegeben, in denen die globalen Durchschnittstemperaturen über einen längeren Zeitraum um ein halbes Grad oder mehr geschwankt haben.

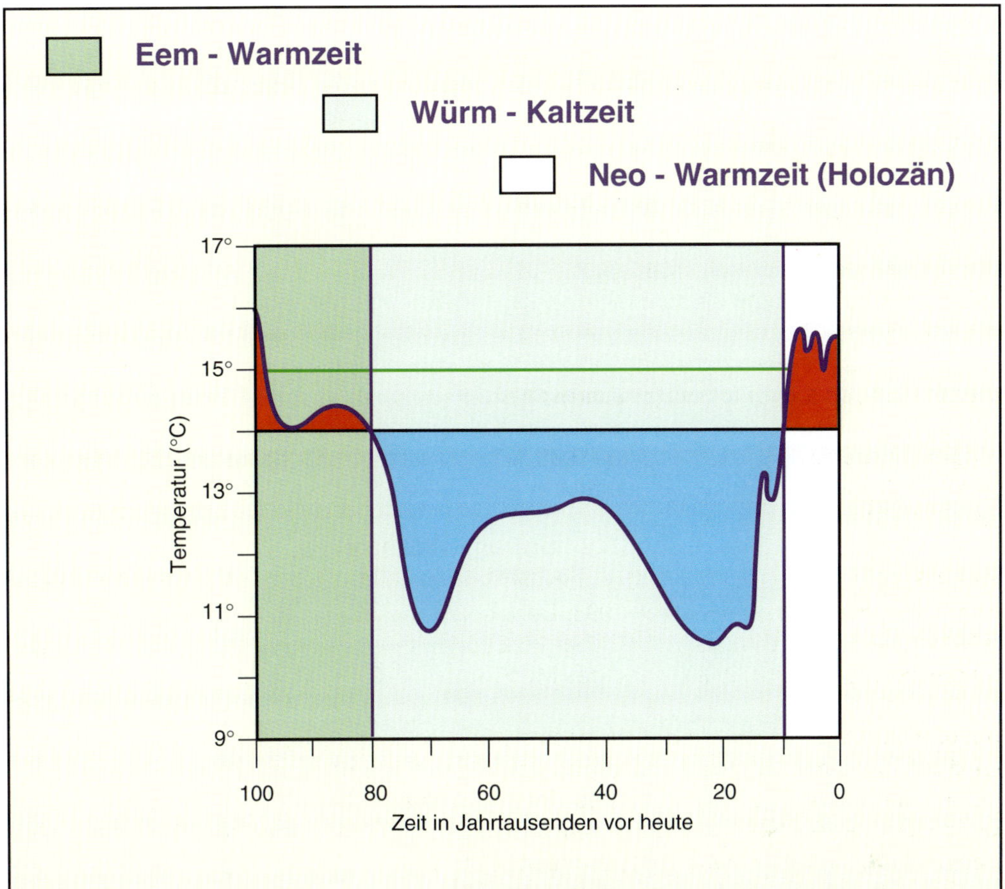

Quelle: Enquete-Kommission: Schutz der Erde, Bd. 1, Bonn 1990

Abb. 1.4: Temperaturveränderungen in den letzten 150000 Jahren

Das Holozän

Warme Klimaperioden

Vor 6000 bis 7000 und noch einmal vor 4000 bis 5000 Jahren, im sog. „Hauptoptimum" der Nacheiszeit, war das Klima möglicherweise schon einmal deutlich wärmer als heute – und feuchter. Die Menschen wurden in dieser Zeit sesshaft, und es entstanden die ersten Hochkulturen. Satellitenaufnahmen zeigen, dass es Flusssysteme in der Sahara gab, Felszeichnungen und Fossilien von Krokodilen und Nilpferden weisen ebenfalls darauf hin; die biblischen Berichte über die „Sintflut" fallen gleichfalls in diese Epoche. Warm war es auch zur Römerzeit („Römisches Optimum"), was Hannibal den Übergang über die Alpen erleichterte, und noch einmal im Mittelalter („Mittelalterliches Optimum"), wodurch es den Normannen möglich wurde, Grönland (das „grüne Land") für 200 Jahre zu besiedeln und weit vor Kolumbus Amerika zu entdecken. In England wurde im Mittelalter sogar Wein angebaut.

Kältere Klimaperioden

Dazwischen lagen kühlere Perioden. Um 1000 v.Chr. war es möglicherweise um 1–2 °C kälter als heute. Nicht ganz so kalt zeigte sich das „Pessimum der Völkerwanderungszeit“, das die germanischen Völker aus dem Ostseeraum in den Mittelmeerraum getrieben hat. Nach der Klimawende zwischen 1200 und 1400, mit der das „Mittelalterliche Optimum“ zu Ende ging, sanken in der sogenannten „Kleinen Eiszeit“ von 1250-1850 die Temperaturen erneut. Kühle Sommer und strenge Winter führten z.B. in England zu Missernten und Hungersnöten.

Das wärmste Jahrhundert seit 1 000 Jahren

Allerdings sind die Daten bis zum Mittelalter mit vielen Unsicherheiten behaftet. Die Temperaturen für diese Zeit werden aus sogenannten Proxy-Daten (indirekten Quellen wie Baumringen, Pollen, Tiefseesedimenten, Eiskernen usw.) abgeleitet, deren Interpretation z.T. umstritten ist. Auch für die folgenden Jahrhunderte muss man auf Proxy-Daten zurückgreifen, die aber ab 1400 eine bessere Einschätzung des vergangenen Klimas erlauben. Danach ist es sehr wahrscheinlich, dass kein Jahrhundert in den letzten 600 oder sogar 1 000 Jahren so

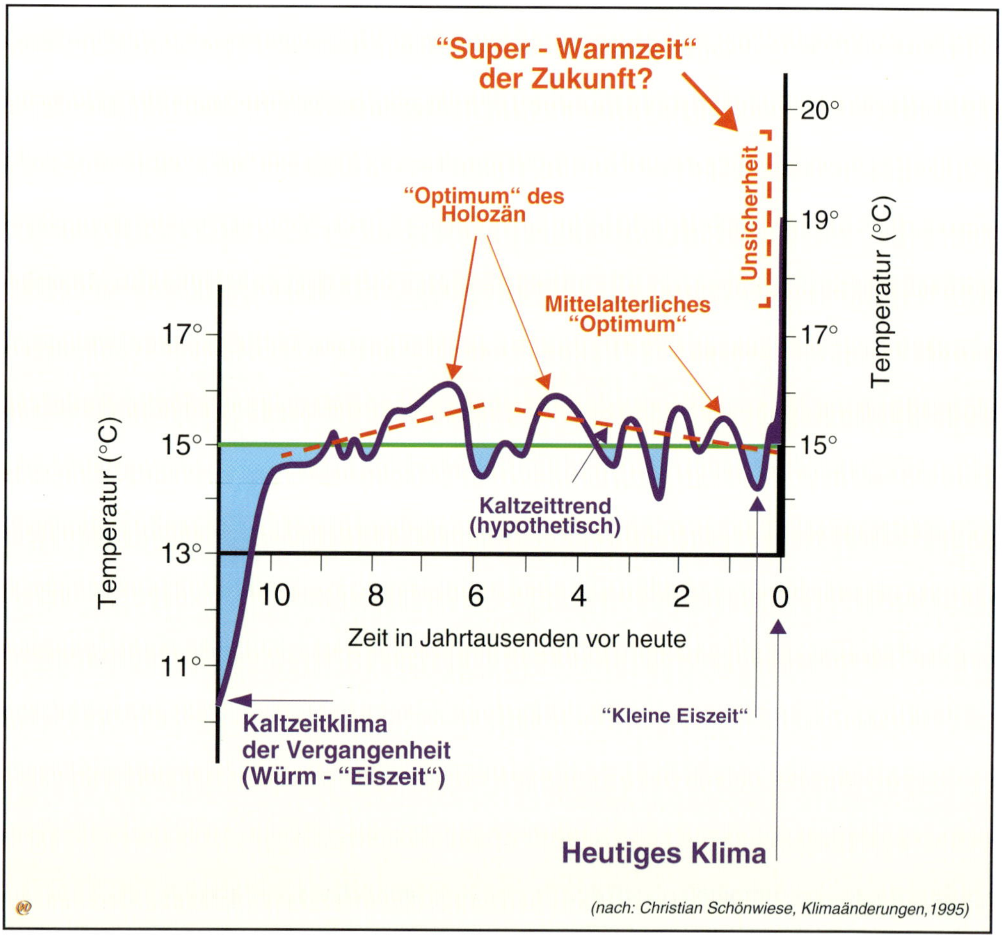

Abb. 1.5: Temperaturveränderungen in den letzten 11 000 Jahren

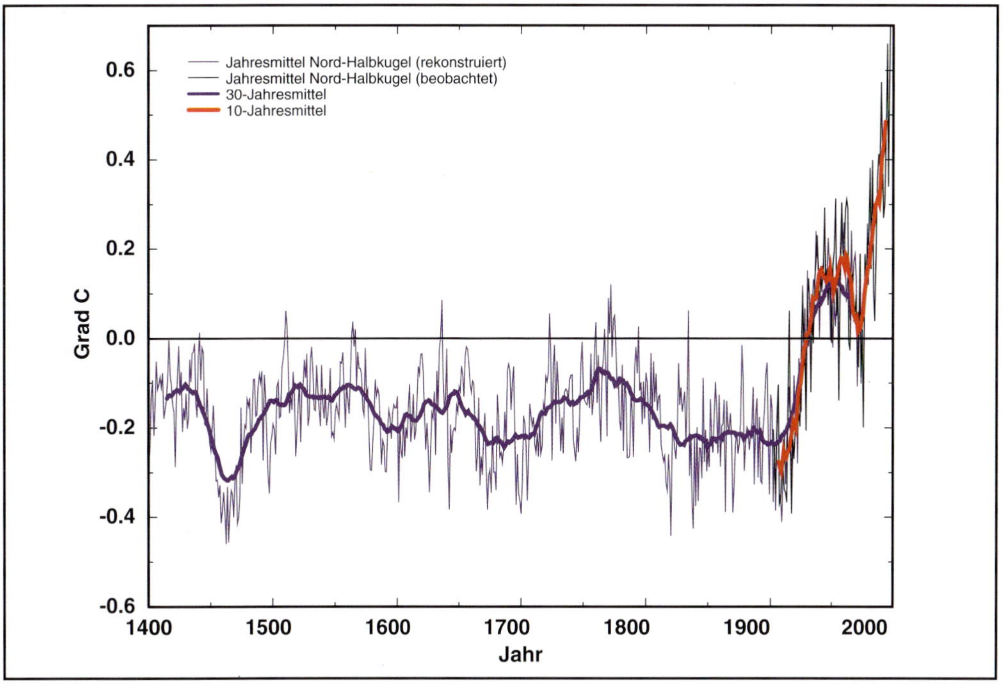

Abb. 1.6: Temperaturveränderungen seit 1400 (N-Halbkugel)[1]

warm wie das 20. gewesen ist. Die 1990er Jahre waren offensichtlich das wärmste Jahrzehnt des Jahrtausends und das Jahr 1998 das wärmste Jahr. Niemals hat es innerhalb von 100 Jahren eine Temperaturschwankung von 0,6 °C oder gar mehr gegeben; und noch weniger ereignete sich in 30 Jahren ein Anstieg von 0,4 °C wie in den letzten drei Jahrzehnten.

[1] nach MANN, M. E. et al. (1998): Global-scale temperature patterns and climate forcing over the past six centuries, nature, 392, S. 779–787

2. Verändert der Mensch das globale Klima?

2.1. Natürlich oder anthropogen?

Vom Opfer zum Täter?

Vor Beginn der Industrialisierung hat der Mensch kaum die Möglichkeiten besessen, durch seine wirtschaftlichen Tätigkeiten mehr als das regionale Klima zu beeinflussen; vielmehr war er oft genug selber den Wirkungen der klimatischen Verhältnisse ausgeliefert. Natürliche Faktoren wie Schwankungen der Sonneneinstrahlung, Vulkanausbrüche oder ein interner Klimawandel begünstigten oder benachteiligten das Leben ganzer Völker. Heute stellt sich allerdings die Frage, ob sich der Spieß umgedreht hat. Ist der Mensch dabei, zum ersten Mal in seiner Geschichte das Weltklima zu verändern? Steckt hinter der Erhöhung der globalen Durchschnittstemperatur um 0,6 °C in den letzten 100 Jahren die zunehmend wachsende und immer mehr Güter produzierende und konsumierende Bevölkerung der Erde? Überschreitet die Umweltbeeinflussung des Menschen damit endgültig den Nahbereich, den nächsten Fluss, die Wälder der Region, und wirkt global? Werden die Fahrzeuge auf deutschen Autobahnen damit zu einem Ursachenfaktor für Überschwemmungen in Bangladesch?

Das Signal vom Rauschen trennen!

Die Frage, ob der Mensch in das globale Klimageschehen bereits eingegriffen hat, kann nicht ohne gründliche Kenntnis der natürlichen Klimaschwankungen beantwortet werden. Jede vom Menschen verursachte Klimaänderung überlagert die natürliche Klimavariabilität. Natürliche Klimaänderungen hat es schon immer gegeben und wird es immer geben. Sie bilden das „Rauschen", den Hintergrund für das anthropogene Klima-„Signal". Ein möglicher Klimawandel durch den Menschen kann nur bestimmt werden, wenn er von dem Rauschen der natürlichen Veränderung unterschieden werden kann. Das aber ist nur möglich, wenn es gelingt,

1. die klimatische Wirkung der natürlichen Klimafaktoren, und zwar der externen (Sonneneinstrahlung, Vulkanausbrüche) wie der internen (Wechselwirkung zwischen Ozean und Atmosphäre, Biosphäre und Atmosphäre usw.), eindeutig zu erfassen,
2. die klimatische Wirkung der anthropogenen Treibhausgase wie Kohlendioxid, Methan, FCKW etc. genau zu bestimmen,
3. ein Verfahren zu entwickeln, das es erlaubt, die Wirkung der natürlichen von der der anthropogenen Ursachen klar zu trennen.

2.2. Natürliche Ursachen

Veränderungen der Erdbahnparameter

Die Strahlung der Sonne beträgt am Außenrand der Erdatmosphäre durchschnittlich 1365 W/m^2. Davon erreichen die Atmosphäre wegen der Kugelgestalt der Erde und der sonnenabgewandten Nachtseite jeweils einer Erdhälfte im globalen Mittel aber nur 342 W/m^2. Diese sogenannte Solarkonstante ist im strengen Sinne keineswegs konstant, sondern unterliegt aufgrund verschiedener Ursachen geringen Schwankungen. So beeinflussen Veränderungen in der Erdumlaufbahn um die Sonne über längere Zeiträume hinweg die Intensität der Sonneneinstrahlung. Das geschieht allerdings in einem Zyklus von mehr als 100000 Jahren;

man erklärt damit den Wechsel zwischen Kalt- und Warmzeiten während des Eiszeitalters, zu dem auch die jetzige Warmzeit gehört. Die Veränderungen in den Erdbahnparametern können zusätzlich Wechselwirkungen zwischen den Teilsystemen des Klimasystems, z. B. zwischen Meer und Atmosphäre, anstoßen.

Aktivitäten auf der Sonne

Veränderte Parameter in der Umlaufbahn der Erde um die Sonne können allerdings nicht verantwortlich für die relativ kurzfristigen Schwankungen der Nacheiszeit sein, deren Zeitskalen bei Jahrzehnten bis Jahrhunderten liegen.

Eine mögliche Erklärung hierfür liegt in der Sonnenaktivität. Die seit Erfindung des Fernrohrs beobachteten und seit 1610 dokumentierten Sonnenflecken werden begleitet von Sonnenfackeln und Protuberanzen, die die Energieabstrahlung der Sonne verstärken und die Solarkonstante leicht erhöhen. So fällt das sogenannte Maunder-Minimum (1650–1710) während der „Kleinen Eiszeit" in eine Zeit ohne Sonnenflecken.

Die Sonnenaktivität verändert sich in bestimmten Zyklen (vgl. Abb. 2.1). Zum einen ist eine Periode von ca. 11 Jahren zu erkennen, der sogenannte Schwalbe-Zyklus, in der die Sonnenenergie aber nur mit einem geringen Betrag von etwa 0,1 % an der Obergrenze der Atmosphäre schwankt. Dagegen variiert die Einstrahlung des ca. 80-jährigen Gleissberg-Zyklus um 0,24–0,30 %, was einer Veränderung der Solarkonstanten um ca. 5 W/m^2 entspricht.

Vulkanausbrüche

Auch Vulkanausbrüche beeinflussen die Temperatur, jedoch nur für wenige Jahre. Die bei stärkeren Eruptionen bis in die untere Stratosphäre geschleuderten, aus chemischen Reaktionen entstandenen Aerosolpartikel reflektieren einen Teil der Sonnenstrahlen und bewirken somit eine Abkühlung der bodennahen Luftschichten und eine Erwärmung der unteren Stratosphäre. Bekannte Beispiele der Gegenwart sind die Ausbrüche des El Chichon 1982 und des Mt. Pinatubo 1991.

Ozean-Atmosphäre-Variabilität

Das Klima wird aber nicht nur durch externe Ursachen wie die Solarstrahlung oder Vulkanausbrüche verändert, sondern auch durch die komplexen internen Wechselwirkungen zwischen Ozean und Atmosphäre.

Ein gut untersuchtes Beispiel für Ozean-Atmosphäre-Schwankungen ist das in Kapitel 6 behandelte El-Niño-Southern-Oscillation-Phänomen (ENSO) in den niederen Breiten des Süd-Pazifik, das sich allerdings in Zeitskalen von nur wenigen Jahren abspielt. Es wirkt damit in einem ähnlichen Zeitbereich wie Vulkanausbrüche, jedoch mit umgekehrtem Vorzeichen. Als Folge einer periodischen Eigenschwingung des Systems Ozean-Atmosphäre im Süd-Pazifik, in der Luftdruck und Meeresströmungen gekoppelt sind, wird in einer El-Niño-Phase kaltes Auftriebswasser durch Warmwasser ersetzt. Die klimatischen Auswirkungen – u. a. Dürren in Australien und Nordost-Brasilien, Überschwemmungen in den USA – sind nahezu weltweit nachweisbar. Auf ein El-Niño-Ereignis folgt in der Regel die entgegengesetzte Reaktion der Southern Oscillation mit starkem Auftrieb von kaltem Wasser, die La Niña genannt wird.

Als mögliche Alternative zu einem anthropogenen Klimaantrieb sind wichtiger jedoch Schwankungen der ozeanischen Zirkulation in höheren Breiten, die im wesentlichen durch Temperatur und Salzgehalt des Meerwassers gesteuert und daher auch thermohaline Zirkulation genannt wird. Sie spielen sich in ähnlichen Zeitskalen ab wie jene Klimaänderungen, die für das 20. Jahrhundert mit hoher Wahrscheinlichkeit dem menschlichen Einfluss zugeschrieben werden. Ihr Nachweis ist allerdings schwierig, da es fast keine entsprechenden Messreihen gibt und man weitgehend auf Modellrechnungen angewiesen ist. Relativ gut belegt ist eine Schwankung der thermohalinen Zirkulation des „großen marinen Förderbands", von der der Golfstrom ein Teil ist, im Nordatlantik in einem 35-Jahre-Zyklus. Entsprechende Modellrechnungen werden in diesem Fall gestützt durch die empirisch nachgewiesene „Große Salzgehaltsanomalie" vom Ende der 60er bis in die 70er Jahre. Als Ursache wird eine Rückkopplung zwischen Atmosphäre und Ozean angenommen, bei der die Wechselwirkung von Luftdruck, Windantrieb, Frischwasserzufluss, Meereis, Temperatur und Salzgehalt des Oberflächenwassers die Dichte und damit die Konvektion des Nordatlantik-Wassers in dem genannten Rhythmus variieren (s. Kapitel 6).[1]

Eine weitere Schwankung der thermohalinen Zirkulation des Nordatlantiks, die im Zeitbereich von Jahrhunderten liegt, ist bisher nur von einigen Modellrechnungen aufgezeigt worden. In diesem Fall wird eine Eigenschwingung des Ozeans angenommen, die sich in einer Variation des Salzgehalts äußert. Da der Salzgehalt entscheidend die Dichte von Meerwasser bestimmt und damit die sogenannte thermohaline Zirkulation der Ozeane antreibt, übertragen sich Schwankungen im Salzgehalt auf Veränderungen der Meeresströmungen. Bei einem geringeren Salzgehalt im Nordatlantik etwa wird das Absinken von Oberflächenwasser in tiefere Schichten gebremst und damit die Golfstromzirkulation und die Wärmeabgabe an die Atmosphäre vermindert. Die Salzgehaltsanomalie wird mit dem bei 60° N entstehenden Tiefenwasser in 2–3 km Tiefe in den Südatlantik weitertransportiert und gelangt dort wieder an die Oberfläche und mit der Oberflächenzirkulation in den Nordatlantik zurück. Diese Anomalie unterliegt nach einigen Modell-Ergebnissen einem Rhythmus von ca. 320 Jahren, der der Umwälzzeit des Atlantiks, d. h. der Erneuerung des atlantischen Tiefenwassers, entspricht.[2]

2.3. Der Nachweis einer anthropogenen Klimaänderung

Die Erwärmung im 20. Jahrhundert - ein natürliches Phänomen?

Die Erhöhung der bodennahen globalen Durchschnittstemperatur in den letzten 100 Jahren um ca. 0,6 °C kann sowohl durch natürliche Faktoren wie durch den Anstieg der anthropogenen Treibhausgase wie durch beide zusammen verursacht sein. Die deutlichen Schwankungen des Temperaturanstiegs seit 1860 lassen allerdings eine monokausale Erklärung nur durch Treibhausgase unwahrscheinlich erscheinen. Während die Zunahme der atmosphärischen CO_2-Konzentration und anderer Treibhausgase seit Beginn des industriellen Zeitalters

[1] Weisse, R. (1994): Nordatlantische Variabilität in einem Ozeanzirkulationsmodell im Zeitbereich von Dekaden, Max-Planck-Institut für Meteorologie, Examensarbeit Nr. 24; Timmermann, A. et al. (1998): North Hemispheric Interdecal Variability: A Coupled Air-Sea Mode, J. Climate, Vol. 11, S. 1906–1931

[2] Mikolajewz, U. und E. Maier-Reimer (1990): Internal secular variability in an OGCM, Climate Dynamics, 4, S. 145–156

Tabelle 2.1: Klimaschwankungen und ihre natürlichen Ursachen

Klimaschwankungen	Ursachen	Zeitskalen
Wechsel von Warm- und Kaltzeiten	Änderungen der Erdbahnparameter	Zyklen von über 100 000 Jahren
extreme Temperaturwechsel am Ende der letzten Kaltzeit	plötzliche Änderungen in der ozeanischen Zirkulation (z.B. Golfstrom)	Jahrzehnte
wärmere und kältere Perioden in der Nacheiszeit	- Solaraktivitäten des Gleissberg-Zyklus - Variabilität der ozeanischen Zirkulation über längere Perioden	mehrere Jahrzehnte bis Jahrhunderte
kurzfristige Temperaturschwankungen	Solaraktivität des Schwalbe-Zyklus	11 Jahre
kurzfristige Temperaturerhöhung	El-Niño-Ereignisse	wenige Jahre
kurzfristige Temperaturerniedrigung	Vulkanausbrüche, La-Niña-Ereignisse	wenige Jahre

einen gleichmäßig ansteigenden Trend aufweist (Abb. 5.1), erfolgt die Temperaturerhöhung in zwei Schüben mit von Jahr zu Jahr deutlicher Variabilität (Abb. 1.1). Anzunehmen ist, dass der Temperaturveränderung natürliche und anthropogene Ursachen zugrunde liegen.

Welche natürlichen Faktoren kommen als Ursachen für die Klimavariabilität der letzten 100 Jahre in Frage? Veränderungen der Erdbahnparameter wirken sich erst in einer wesentlich längeren Zeitskala aus und rufen pro Jahrhundert nur eine Temperaturabweichung in der Größenordnung von Hundertstel °C hervor. Vulkanausbrüche und der El Niño-Effekt haben meistens nur eine Wirkung von einigen Jahren und können allenfalls die kurzfristigeren Schwankungen hervorgerufen, nicht aber den Gesamttrend bzw. Trends über Jahrzehnte im 20. Jahrhundert bestimmt haben. Im Hinblick auf die Zeitskala, in der sich die gegenwärtige Temperaturzunahme vollzieht, kommen als natürliche Ursache daher nur die Solaraktivität und die Variabilität des Ozeans in Betracht. Sowohl über die langfristigen ozeanischen Eigenschwingungen wie über die Solaraktivitäten liegen nicht genügend Beobachtungsdaten vor, um eine schlüssige Beziehung zu dem Temperaturverlauf der letzten 100 Jahre nachweisen zu können, so dass man auf Proxy-Daten aus Sedimentuntersuchungen oder Beobachtung von Sonnenflecken angewiesen ist. Abb. 2.1 zeigt den aus solchen Daten berechneten Anteil der Solaraktivität an der gegenwärtigen Erwärmung.[3]

Die Veränderung der Solarkonstanten weist danach in den letzten 100 Jahren einen ähnlichen Verlauf auf wie die der globalen Durchschnittstemperatur, mit einem deutlichen Anstieg von der Jahrhundertwende bis in die 40er Jahre und einem zweiten Anstieg seit den 1970er Jahren bis heute. Das spricht zumindest für einen Einfluss auf die Temperaturzunahme in

[3] CUBASCH, U. et al. (1997): Simulation with an O-AGCM of the influence of variations of the solar constant on the global climate, Climate Dynamics, 13, S. 757–767

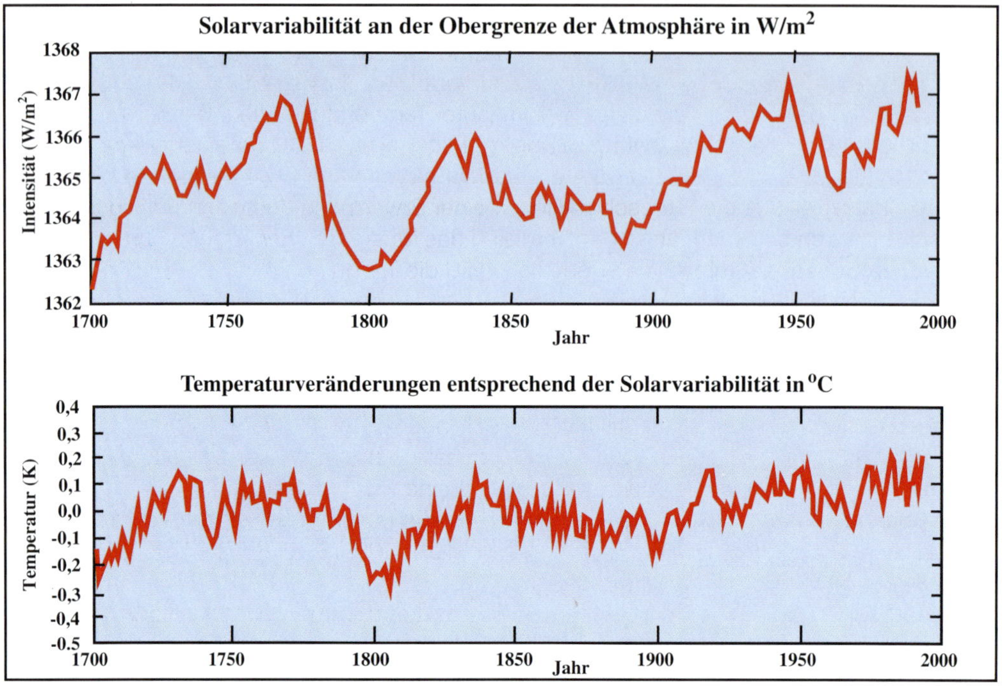

Abb. 2.1: Veränderung der Solarstrahlung und ihre Temperaturwirkung seit 1700 (Quelle: MPI/DKRZ; Daten nach Hoyt, D. V. and Schatten, K. H. : A discussion of plausible solar irradiance variations, 1700–1992, J.Geophys. Res. 98, 18895-18906, 1993)

diesem Jahrhundert. Auch über den längeren Zeitraum seit dem Maunder-Minimum um 1700 nimmt die Solaraktivität allmählich zu, so dass die gegenwärtige Erwärmung als Teil einer längerfristigen Temperaturerhöhung gesehen werden kann. Sie ist aber dennoch durch die Solaraktivität allein nicht zu erklären.

Abb. 2.1 zeigt im oberen Teil die Veränderung der Solarstrahlung von 1700 bis zur Gegenwart. Man erkennt Schwankungen von max. 5 W/m². Aufgrund der Kugelgestalt der Erde und der Sonnenabgewandtheit jeweils einer Erdhälfte sowie der Reflexion eines Drittels der Sonnenstrahlung durch Atmosphäre und Erdboden erreichen jedoch nur 16 % dieses Wertes, d. h. 0,8 W/m², den Boden. Zum Vergleich: Der Strahlungsantrieb, d.h. die Veränderung der Strahlungsbilanz, durch den anthropogenen Treibhauseffekt wird mit 2,4 W/m² angenommen; entsprechend gering ist die Temperaturveränderung (Abb. 2.1 unten) durch die Schwankung der Solarstrahlung; sie macht für das 20. Jahrhundert höchstens 30 % des als Folge des Treibhauseffekts angenommenen Wertes von 0,6 °C aus. An der besonders deutlichen Erwärmung der letzten 30 Jahre von 0,4 °C sind die Schwankungen der Solarkonstanten noch erheblich weniger beteiligt.

Der anthropogene „Fingerabdruck“ der Erwärmung

Den Fingerabdruck erkennen

Die überzeugendsten Argumente für eine anthropogene Verursachung der Temperaturerhöhung hat in den letzten Jahren die sogenannte „Fingerabdruck“-Methode geliefert. Hierbei geht man davon aus, dass verschiedene Ursachen auch verschiedene räumliche Muster der Erwärmung hervorrufen. Eine durch veränderte Solarstrahlung verursachte Erwärmung müsste danach einen anderen horizontalen und vertikalen „Fingerabdruck" hinterlassen als ein durch anthropogene Treibhausgase verursachter Temperaturanstieg. Wenn man nun das Muster der tatsächlichen Erwärmung mit dem Muster einer Temperaturveränderung durch Treibhausgase, das durch Klimamodelle errechnet werden kann, vergleicht und eine hohe Ähnlichkeit feststellt, ist die Wahrscheinlichkeit einer Erwärmung durch Treibhausgase groß. Unterscheidet sich bei einem ähnlichen Vergleich das Muster der Erwärmung durch Solaraktivität von dem beobachteten Muster deutlich, wird die Treibhausthese zusätzlich gestützt.[1]

Verbesserte Klimamodelle

Den jeweiligen Fingerabdruck zu erfassen war nur möglich durch eine Weiterentwicklung der Klimamodelle (vgl. Kapitel 7), die wiederum nur durch eine deutlich höhere Computerleistung erreicht wurde. Die Weiterentwicklung der Modelle bestand in folgenden Punkten:

- Es wurde nicht nur die Veränderung der Atmosphäre, sondern auch die des Ozeans in seiner gesamten Tiefe berücksichtigt und beide miteinander gekoppelt.
- Man untersuchte nicht nur die Folgen einer plötzlichen CO_2-Verdoppelung wie in früheren, einfacheren Modellen, sondern auch die einer sich mit der Zeit ändernden CO_2-Konzentration.
- Es wurde nicht nur die Wirkung von CO_2 und anderen anthropogenen Treibhausgasen berücksichtigt, sondern auch die abkühlende Wirkung von Aerosolen sowie die Temperatur-Effekte der Ozon-Zerstörung durch FCKW in der Stratosphäre.
- Modell-Rechnungen, die das Klima über 1 000 Jahre und mehr simulierten, waren in der Lage, besser als früher die natürliche interne Klima-Variabilität zu erfassen.
- Verbesserte statistische Techniken ermöglichten eine feinere Unterscheidung eines Signals von einem Hintergrundrauschen.

Der Nachweis eines Signals

Mit heutigen Klimamodellen lässt sich mit hoher Wahrscheinlichkeit nachweisen, dass die Erwärmung von 0,6 °C in diesem Jahrhundert nicht durch natürliche Klimaschwankungen, wie sie in den letzten 1 000 Jahren auftraten, verursacht sein kann. Die Temperaturerhöhung um 0,4 °C von 1966–1998 liegt sogar mit einer Wahrscheinlichkeit von mehr als 95 % über der natürlichen Variabilität des Klimas.[2] Damit konnte das „Signal" einer ungewöhnlichen Klimaveränderung von dem „Rauschen" der natürlichen Variabilität des Klimas statistisch signifikant unterschieden werden. Die Ursache dieser Veränderung ist auf diese Weise jedoch letztlich noch nicht bestimmt. Sie lässt sich nur erfassen, wenn gezeigt werden kann, dass die Höhe und das räumliche und zeitliche Muster der beobachteten Erwärmung mit der Höhe und dem räumlichen und zeitlichen Muster einer Erwärmung durch anthropogene Treibhausgase übereinstimmt und sich von dem einer natürlichen Erwärmung unterscheidet.

---

[1] Zu Nachweis und Zuordnung eines Klimasignals: HASSELMANN, K. (1997): Multi-pattern fingerprint method for detection and attribution of climate change, Climate Dynamics, 13, 601-612; HOUGHTON, J.T. et al. (1996): Climate Change 1995. The Science of Climate Change. Cambridge, S.413

[2] CUBASCH, U. et al.(1997): Klimamodelle und Klimasimulation, in: Globale Umweltveränderungen, Landsberg, 37-57; HEGERL, G.C. et al.(1997): Multi-fingerprint detection and attribution of greenhouse gas- and aerosol forced climate change, Climate Dynamics 13, 613-634

Das Muster der Erwärmung: die Frage der Zuordnung

Durch die Einbeziehung der Strahlungswirkung der anthropogenen Aerosole wurde besonders für die letzten 30 Jahre eine hohe Übereinstimmung zwischen Modellergebnissen und beobachteter Temperaturänderung erreicht. Während man in früheren Modellen, bei Berücksichtigung nur der Treibhausgase, eine Temperaturerhöhung von 0,3 °C pro Jahrzehnt errechnete, zeigen die Modelle heute den mit der Beobachtung besser übereinstimmenden Wert von 0,2 °C in 10 Jahren.[1] In einer jüngeren Modellrechnung am DKRZ (Abb. 2.2) wurde neben der direkten Aerosol-Wirkung, die in einer erhöhten Reflexion der Solarstrahlung besteht, auch die - allerdings schwer abzuschätzende - indirekte Wirkung, d.h. der Einfluss der Aerosole auf die optischen Eigenschaften der Wolken, berücksichtigt. Zusätzlich wurde auch der Effekt der Ozon-Abnahme in der Stratosphäre und der Ozon-Zunahme in der Troposhäre in die Rechnung mit einbezogen. Das Ergebnis weist vor allem für die beiden letzten Jahrzehnte eine weitgehende Identität der berechneten mit den beobachteten bodennahen globalen Mitteltemperaturen auf.[2]

Nicht zuletzt hatte die Einbeziehung der Aerosole eine wirklichkeitsnähere Abbildung der räumlichen Muster der Temperaturveränderung ermöglicht. Dabei zeigte sich, dass die simulierte Temperaturänderung durch Treibhausgase und Aerosole besser mit dem horizontalen und vertikalen Muster der beobachteten Veränderung übereinstimmt als mit dem simulierten Muster der Solarvariabilität.[3] Zwar weisen in beiden Fällen die Kontinente eine höhere Erwärmung als die Ozeane auf. Berücksichtigt man jedoch die Jahreszeiten, ergeben sich zumindest im Nordsommer signifikante Unterschiede, da für die solare Einstrahlung die Wolkenbedeckung eine wichtigere Rolle spielt als für die langwellige Ausstrahlung. D. h. die Subtropen reagieren in diesem Fall stärker auf Veränderungen der Solarstrahlung als auf den anthropogenen Treibhausantrieb. Die Beobachtung zeigt jedoch in Übereinstimmung mit dem simulierten anthropogenen Treibhauseffekt eine höhere Temperaturzunahme in mittleren und hohen Breiten als in den Subtropen.

Auch der vertikale Gegensatz zwischen der beobachteten Temperaturzunahme in Bodennähe und der Abnahme in der unteren Stratosphäre (s. Abb. 1.3) spricht eher für die

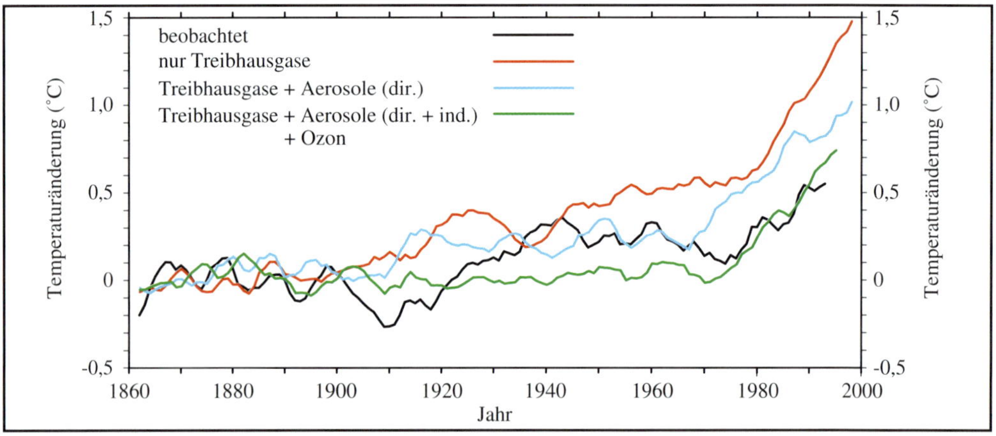

Abb. 2.2: Temperaturentwicklung bei Berücksichtigung der direkten und indirekten Aerosol-Wirkung
(Quelle: MPI/DKRZ)

Treibhausthese als für eine Verursachung durch Solarvariabilität. Eine erhöhte Solarstrahlung würde vor allem wegen der Absorption durch das stratosphärische Ozon auch die Temperatur in der Stratosphäre erhöhen. Das Gegenteil ist jedoch der Fall. Dagegen passt die stratosphärische Temperaturabnahme zum Treibhauseffekt durch CO_2 und andere anthropogene Spurengase. Allerdings muss hier auch die abkühlende Wirkung des Ozonschwunds durch FCKW in der Stratosphäre berücksichtigt werden, die nach heutigem Wissensstand keineswegs gering ist.[4]

Der Gegensatz von Abkühlung in der Stratosphäre und Erwärmung in Bodennähe sowie das geographische Muster der Temperaturveränderung verdichten sich zu dem Indizien-Beweis, dass die Erhöhung der Temperatur von 0,6 °C in den letzten 100 Jahren menschengemacht ist. Der IPCC stellt in seinem letzten Bericht, der die bisherigen Ergebnisse der Klimaforschung zusammenfasst, dazu fest: „the balance of evidence suggests that there is a discernible human influence on global climate" (die Abwägung des Beweismaterials weist auf einen erkennbaren menschlichen Einfluss auf das globale Klima).[5]

---

1 Houghton, J.T. et al. (1996): Climate Change 1995. The Science of Climate Change. Cambridge, S. 289

2 Roeckner, E. et al. (1999): Transient climate change simulations with a coupled atmosphere ocean GCM including the tropospheric sulfur cycle. J.Climate, 12, 3004–3032

3 Vgl. Cubasch, U. et al. (1997).: Simulation with an O-AGCM of the influence of variations of the solar constant on the global climate, Climate Dynamics, 13, 757-767; Cubasch, U. et al.(1997): Klimamodelle und Klimasimulation, in: Globale Umweltveränderungen, Landsberg, 37–57

4 Ramaswamy, V. (1996): Fingerprint of ozone depletion in the spatial and temporal pattern of recent lower-stratospheric cooling, nature, Vol 382, S.616–618

5 Houghton, J.T. et al. (1996): Climate Change 1995. The Science of Climate Change. Cambridge , S.4

3. Prognosen

3.1. Stehen wir vor einer Klimawende?

Die menschlichen Lebensverhältnisse waren seit jeher stark von klimatischen Änderungen beeinflusst. In der Vergangenheit haben Klimaschwankungen Hungersnöte und Völkerwanderungen ausgelöst. Auch heute noch leiden viele Menschen unter Dürren, Überschwemmungen und Stürmen. Im Vergleich zur geologischen Vergangenheit ist das Klima seit 10 000 Jahren, d. h. seit dem Beginn der menschlichen Kulturentwicklung, jedoch trotz aller Schwankungen relativ stabil geblieben.

Heute müssen wir uns allerdings die Frage stellen, ob wir vor einer Klimawende stehen, die wesentlich tiefgreifender, folgenreicher und plötzlicher sein könnte als alles, was die Menschheit in den letzten 10 000 Jahren erlebt hat – vor einer Klimawende, die außerdem noch zum ersten Mal in der menschlichen Geschichte selbstgemacht wäre. Wird der Mensch im nächsten Jahrhundert nicht mehr nur Opfer von Klimaänderungen sein, sondern zum ersten Mal Täter – und zugleich allerdings auch das Opfer der klimatischen Folgen seiner Taten?

Nach dem Stand der heutigen Klimaforschung wird eine solche Entwicklung bei weiter ansteigender Konzentration der anthropogen verursachten Treibhausgase aller Voraussicht nach eintreten. Die bereits heute mit hoher Wahrscheinlichkeit nachgewiesene Klimaänderung wird sich danach im 21. Jahrhundert beschleunigt fortsetzen. Der Klimawandel wird so kurzfristig erfolgen, dass sich die heutigen Ökosysteme diesem Wandel nicht ohne Schaden werden anpassen können. Die sozioökonomischen Folgen werden unübersehbar und gravierend sein.

3.2. Szenarien und Prognosen

Eine wesentliche Voraussetzung zur Entwicklung geeigneter Klimaschutzstrategien sind begründete Prognosen des Klimawandels. Solche Prognosen zu liefern ist eine der zentralen Aufgaben der heutigen Klimaforschung. Klimaprognosen sind jedoch keine Vorhersagen, sondern Projektionen eines künftigen Klimas in Abhängigkeit von menschlichen Verhaltensweisen. Diese Szenarien beschreiben die Entwicklung der Emissionen und atmosphärischen Konzentrationen von Treibhausgasen und Aerosolen im nächsten Jahrhundert, soweit sie durch Energieumwandlung, Waldvernichtung, landwirtschaftliche Tätigkeit usw. verursacht werden.

Nach zehn Jahren öffentlicher Diskussion der Klimafrage und nach den Weltklimakonferenzen von Rio de Janeiro 1992, Berlin 1995, Kioto 1997, Buenos Aires 1998 und Bonn 1999, die die Ernsthaftigkeit des Problems benannt, aber weltweit wenig bewirkt haben, heißt das wahrscheinlichste Szenario auch heute noch: „business as usual" („weiter wie bisher"). D. h. die Wachstumsraten der Treibhausgas-Emissionen, besonders der CO_2-Emission, werden sich auch in den folgenden Jahrzehnten wie bisher steigern. Dieses Szenario wurde 1992 vom IPCC unter der Bezeichnung IS92a aufgestellt und 1995 weiterentwickelt. Es berück-

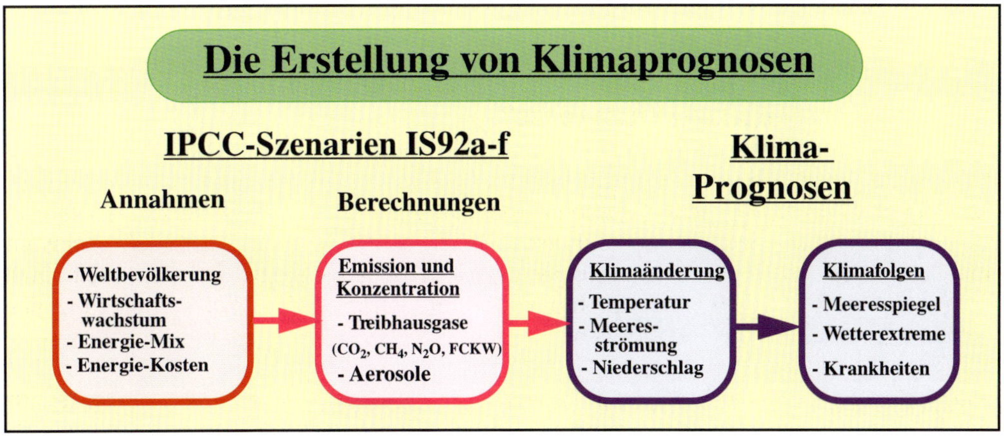

Abb. 3.1: Grundlagen von Klimaprognosen
(Quelle: MPI/DKRZ)

sichtigt die Emission und atmosphärische Konzentration der langlebigen Treibhausgase CO_2, CH_4, N_2O und FCKW, des troposphärischen Ozons und der Sulfat-Aerosole. Die Emissions-Szenarien basieren auf einer Reihe von Annahmen über die Entwicklung der Weltbevölkerung, des Bruttosozialprodukts, der Energiekosten, der technischen Entwicklung usw. Die Emission von Kohlenstoff z.B. wird sich nach diesem Szenario von gegenwärtig knapp 8 Gt C/a (Gigatonnen Kohlenstoff pro Jahr: 1 Gt C=1 Milliarde t C = 3,7Gt CO_2) auf ca. 20 Gt C/a im Jahre 2100 steigern und die CO_2-Konzentration von z.Zt. 360 ppm (parts per million) auf 720 ppm erhöhen. Ein anderes IPCC-Szenario, das Szenario IS92e, liegt weit über diesen Werten, das Szenario IS92d deutlich darunter. Angesichts der hohen wirtschaftlichen Wachstumsraten im süd- und ostasiatischen Raum ist auch das hohe Szenario nicht auszuschließen, während das Szenario IS92d, das inzwischen den Spitznamen „drakonisch“ erhalten hat, nur bei durchgreifenden energiepolitischen Maßnahmen, einem mäßigen Wirtschaftswachstum und einer sehr geringen Bevölkerungszunahme auf 6,4 Milliarden im Jahre 2100 (bei gegenwärtig schon über 6 Milliarden) denkbar ist.

Auf der Grundlage der IPCC-Szenarien berechnen heutige Großcomputer das mögliche Klima der nächsten 100 Jahre. Nur wenn die Szenarien stimmen, stimmen die Prognosen. Und diese stimmen auch nur dann, wenn die Modellrechnungen in der Lage sind, die Klimareaktion auf einen veränderten Antrieb durch die Zunahme von Treibhausgasen und Aerosolen richtig wiederzugeben. In die Modellrechnungen müssen dabei nicht nur die klimatischen Folgen der anthropogenen Veränderungen der Spurengaszusammensetzung der Atmosphäre eingehen, sondern auch die natürliche Klimavariabilität. Da das natürliche Klima aber sowohl externen Einflussfaktoren, z.B. einer Änderung der Solarstrahlung und den Folgen von Vulkanausbrüchen, wie internen Schwankungen, z.B. der ozeanischen Zirkulation, unterliegt, die noch nicht endgültig verstanden sind, bleibt hier ein Unsicherheitsbereich. Ein Qualitätstest für Modellrechnungen ist die Simulation des Klimas der vergangenen Jahrzehnte. Da hier in den letzten Jahren, besonders seit der Einbeziehung der Sulfat-Aerosole, eine zunehmend bessere Übereinstimmung erzielt wurde, ist auch das Vertrauen in die Prognosen über das Klima des 21. Jahrhunderts gewachsen.

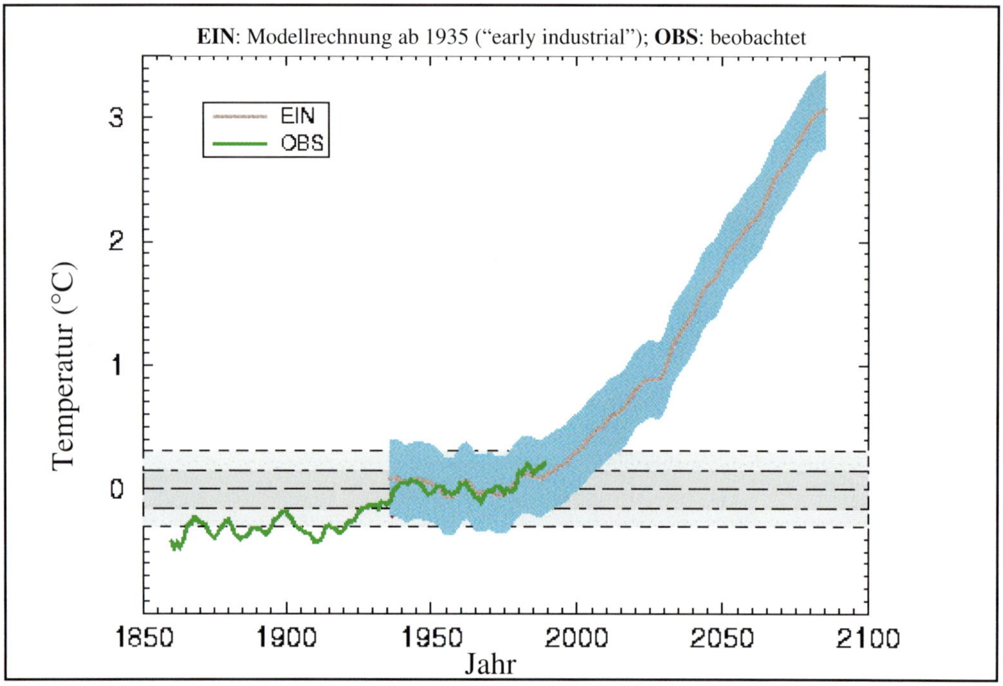

Abb. 3.2: Veränderung der globalen Mitteltemperatur 1935-2085
(Quelle: MPI/DKRZ)

3.3. Das Klima im 21. Jahrhundert

Die globale Durchschnittstemperatur

Bis ca. 1994 galt eine Erhöhung der globalen Durchschnittstemperatur in 100 Jahren um etwa 3 °C bei dem Szenario „weiter wie bisher" (Szenario IS92a) als wissenschaftlicher Konsens. Abb. 3.2 zeigt eine Modellrechnung des DKRZ, deren Ergebnis in diesem Bereich liegt.[1] Die „OBS"-Kurve gibt die beobachtete Temperatur seit 1860 wieder. Der untere, horizontale Balken zeigt die berechnete Schwankungsbreite des Klimas ohne anthropogenen Einfluss. Die „EIN"-Kurve („EIN" leitet sich von „early industrial" ab) zeigt den Anstieg der globalen Mitteltemperatur von 1935 bis 2085 um 3 °C durch die Zunahme der Konzentration von Treibhausgasen nach dem IPCC-Szenario IS92a; der Balken gibt die Variabilität des Modellklimas an.

Gegenüber früheren Prognosen, die als Startpunkt 1985 gewählt hatten, wurde durch den Beginn der Modellrechnung im Jahre 1935 eine um 10 % höhere Temperatur für das Jahr 2085 ermittelt. Der Grund liegt in der Minderung des sogenannten Kaltstart-Problems. Bei Modellrechnungen mit dem Startpunkt 1985 wurden Atmosphäre und Ozean im Gleichgewicht mit der gegenwärtigen Konzentration der Treibhausgase angesetzt. Dadurch wurde die Spätwirkung der zunehmenden Treibhausgaskonzentration vom Beginn der Industriali-

[1] Cubasch, U. et al. (1995): A climate change simulation starting from 1935, Climate Dynamics, 11, 752–762

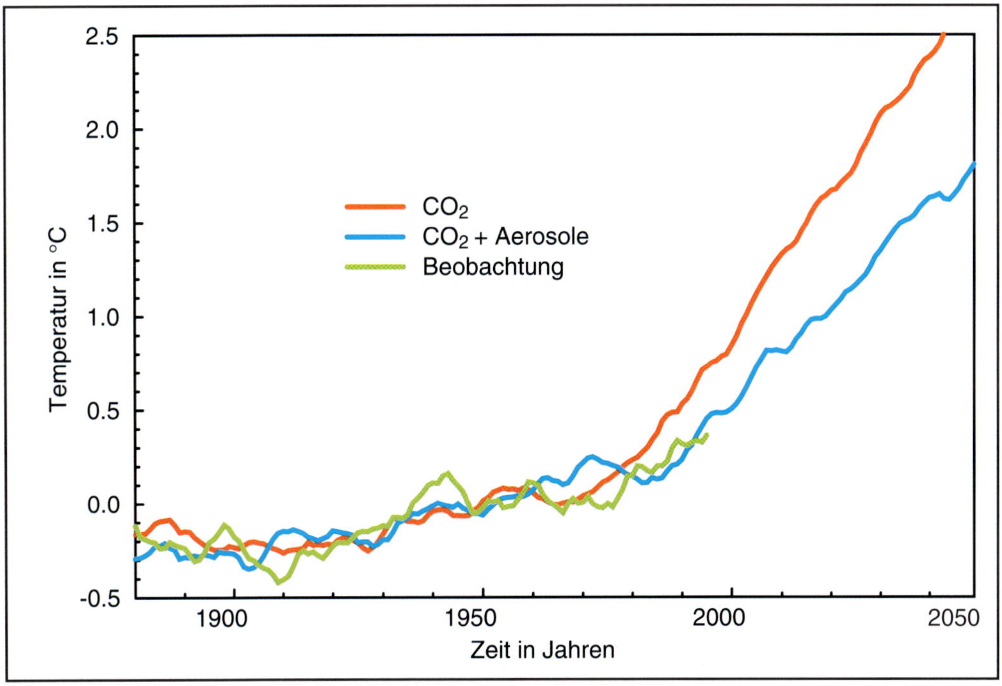

Abb. 3.3: Temperaturanstieg 1880-2050 bei CO_2 und CO_2 + Aerosole
(Quelle: MPI/DKRZ)

sierung (ca. 1750) bis zur Gegenwart nicht berücksichtigt. Frühere Erwärmungen des mittleren und tiefen Ozeans, die erst nach Jahrzehnten an die Atmosphäre weitergegeben werden, konnten so nicht erfasst werden.

Erst seit etwa 1995 wird in den Modellrechnungen zur Temperaturentwicklung im 21. Jahrhundert neben der Wirkung der anthropogenen Treibhausgase auch die von Aerosolen berücksichtigt. Vor allem aufgrund der Aerosol-Wirkung hat der IPCC seine früheren Prognosen um ein Grad Celsius nach unten korrigiert.[2] Aber auch die thermische Trägheit des Ozeans spielt dabei eine Rolle. So wird gegenwärtig bei dem Szenario IS92a eine Erhöhung der globalen Durchschnittstemperatur gegenüber heute um 2 °C im Jahre 2100 angenommen. In Abhängigkeit von den Szenarien reicht die Schwankungsbreite von 0,9 bis 3,5 °C.

Damit ist aber keineswegs Beruhigung angesagt. In jedem Fall wird die Erwärmungsrate im nächsten Jahrhundert höher sein als jemals in den letzten 10000 Jahren. Die Verzögerung durch den Ozean bedeutet, dass auch nach einer möglichen Stabilisierung der Konzentration der Treibhausgase z. B. im Jahre 2100 die Erwärmung noch um 1–2 °C weitergehen wird. Außerdem ist die Wirkung der Aerosole nicht nur positiv zu sehen. Sie sind erstens an der Entstehung des „sauren Regens" beteiligt und können somit indirekt den Treibhauseffekt durch Schädigung der Wälder wieder fördern. Und sie haben zweitens eine nicht unproble-

[2] HOUGHTON, J.T. et.al. (1996): Climate Change 1995. The Science of Climate Change. Cambridge, S. 289

matische regional differenzierte Wirkung, da ihre Verbreitung aufgrund der geringen Lebensdauer von einigen Tagen bis wenigen Wochen auf die Entstehungsgebiete und deren Lee-Zonen beschränkt ist.

Abb. 3.3 gibt eine neuere Modellrechnung des DKRZ wieder, die durch den Beginn mit den Bedingungen des Jahres 1880 das Kaltstart-Problem noch weiter reduziert hat. Sie zeigt neben der beobachteten globalen Mitteltemperatur die berechnete zeitliche Temperaturentwicklung mit und ohne Berücksichtigung des Aerosol-Effekts (Unsicherheitsbereiche sind nicht angegeben). Bis in die 70er Jahre verlaufen die beiden Modellkurven und die Beobachtung nahe zusammen. Das spricht zum einen für die Qualität der Modellrechnung, die das reale Klima gut simuliert, und zeigt zum anderen, dass bis dahin die klimatische Wirkung der Aerosole nur gering war. Danach verläuft die Kurve der Beobachtung zwischen den beiden Modellkurven, die ab 1975 ohne Berücksichtigung der Aerosole einen Temperaturanstieg um 0,35 °C pro Jahrzehnt und mit deren Berücksichtigung um 0,25 °C anzeigen. Das bedeutet eine Steigerung der globalen Durchschnittstemperatur in 100 Jahren um 3,5 °C (ohne Aerosole) bzw. 2,5 °C (mit Aerosolen). Die höheren Werte gegenüber den IPCC-Angaben sind möglicherweise in den Fortschritten bei der Eliminierung des Kaltstart-Problems begründet. D. h. auch bei Einbeziehung der Aerosole und bei Berücksichtigung des Unsicherheitsbereichs der Modellrechnungen könnte es am Ende des nächsten Jahrhunderts bei dem „weiter wie bisher"-Szenario durchaus um fast 3 °C wärmer als heute sein.

Regionale Veränderungen im 21. Jahrhundert
Wesentlich ungesicherter als die globalen sind die regionalen Prognosen für das Klima im 21. Jahrhundert. Interne Klimaschwankungen wirken sich in der Regel regional stärker aus als im globalen Durchschnitt. So können Veränderungen in der atmosphärischen Zirkulation eine regionale Umverteilung von Wärme auslösen, die sich im globalen Mittel nicht bemerkbar macht. Die kalten europäischen Winter 1995/96 und 1996/97 etwa sind daher kein Widerspruch zu dem globalen Erwärmungstrend. Sie wurden verursacht durch eine Abschwächung des Luftdruckgegensatzes zwischen Azoren-Hoch und Island-Tief, wodurch die sonst durch das Golfstromwasser erwärmten Westwinde weitgehend ausblieben und sich das kalte osteuropäische Hoch ungehindert nach Westen ausbreiten konnte.

Da regionale Schwankungen immer ausgeprägter als großräumige Mittelwerte sind, ist ein schwaches Klima-Änderungssignal im großräumigen Mittel leichter auszumachen als in der regionalen Variabilität. Heutige Klimamodelle sind in der Lage, Zirkulationsmuster zu berechnen, die eine räumliche Ausdehnung von mehr als einigen 100 km besitzen. Im kontinentalen Maßstab lassen sich daher gewisse Wahrscheinlichkeitsaussagen machen. Die prognostizierte Erwärmung ist allgemein über den Kontinenten wesentlich höher als über dem Ozean. Der Hauptgrund liegt in der thermischen Trägheit des Ozeans. In den meisten ozeanischen Gebieten findet zwar nur eine relativ geringe Verzögerung der Erwärmung statt, da nur die wenige 100 m tief reichende Deckschicht erwärmt wird. In Gebieten mit Tiefenkonvektion wird die Temperaturerhöhung dagegen in den mittleren und tiefen Ozean weitergegeben. Die geringste Erwärmung bzw. – durch eine Veränderung der ozeanischen Zirkulation – sogar eine geringe Abkühlung findet sich nach den Modellberechnungen daher rund um die Antarktis und im nördlichen Atlantik, d. h. in den Gebieten mit absinkendem Oberflächenwasser. Ein weiterer Grund für die geringere Temperaturzunahme über dem Ozean liegt auch in einer stärkeren Verdunstung (und damit verbundenen Abkühlung) gegenüber den trockneren Landflächen bei einer globalen Temperaturzunahme.[1]

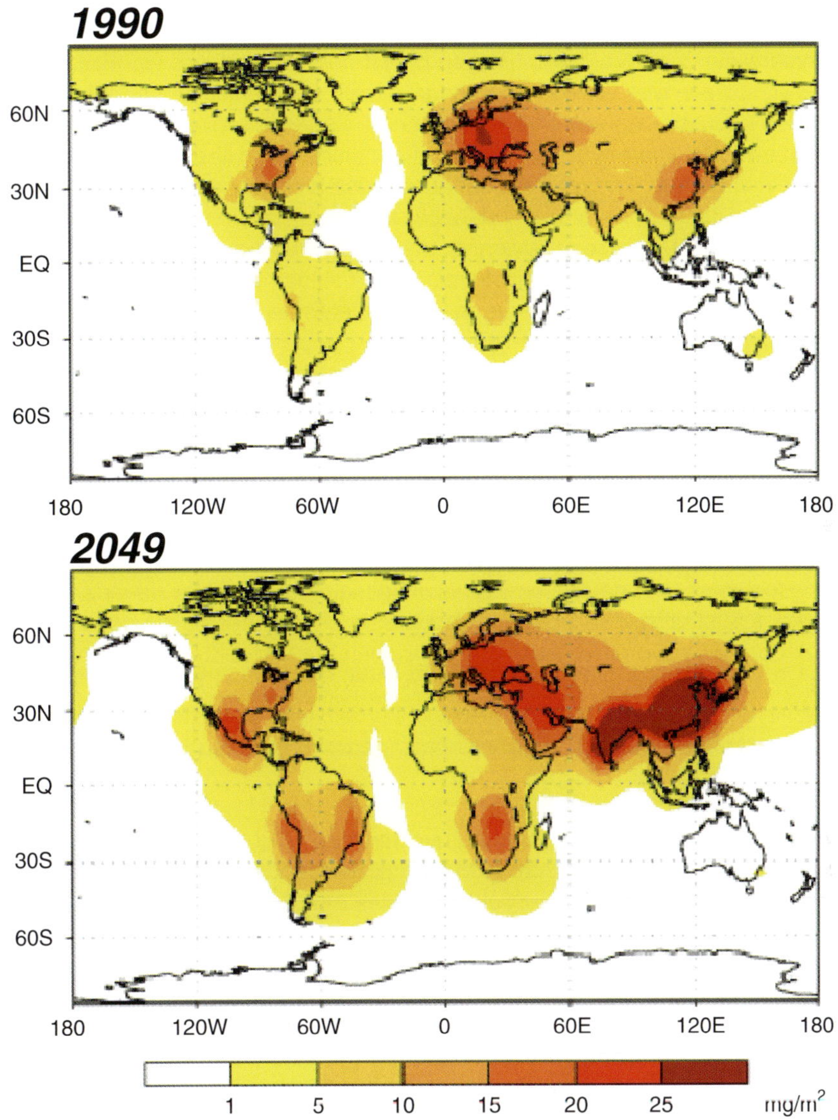

Abb. 3.4: Verbreitung anthropogener Aerosole 1990 und 2049
(Quelle: MPI/DKRZ)

Eine Abkühlung prognostizieren einige Modellrechnungen insbesondere über dem Nordatlantik, da hier zusätzlich eine Schwächung der thermohalinen Golfstromzirkulation durch vermehrte Niederschläge erwartet wird.[2] Die globale Erwärmung fördert insgesamt den hy-

[1] HOUGHTON, J.T. et.al. (1996): Climate Change 1995. The Science of Climate Change. Cambridge, S.301
[2] MANABE, S. and R.J.STOUFFER (1999): The role of thermohaline circulation in climate, Tellus, 51, 91–109; RAHMSTORF, S. (1999) : Shifting seas in the greenhouse?, nature 399, 523–524

drologischen Kreislauf (Wasserkreislauf) und damit auch Verdunstung und Niederschlag. Während die Verdunstung besonders in den Subtropen zunimmt, wird mit einer Verstärkung von Niederschlägen in den höheren Breiten gerechnet. Die dadurch verursachte vermehrte Frischwasserzufuhr in den Nordatlantik reduziert den Salzgehalt und damit die Dichte des Nordatlantik-Wassers, wodurch das Absinken von Oberflächenwasser eingeschränkt und damit der ozeanische Warmwassertransport aus den niederen Breiten verringert wird. Es ist allerdings, wie in Kapitel 6 näher diskutiert wird, auch nicht ausgeschlossen, dass die Golfstromzirkulation sich nicht verändern, vielleicht sogar verstärken wird.

Neben dem Land-Meer-Gegensatz liegt das zweite wichtige Erwärmungsmuster in dem Unterschied zwischen niederen und höheren Breiten. Allgemein wird von den Klimamodellen in den höheren Breiten eine stärkere Temperaturzunahme errechnet als in den niederen. Die höchste Erwärmung wird im Spätherbst und Winter in den höheren Breiten der Nordhemisphäre erwartet. Der Grund liegt in dem Rückzug der Treibeis- und Schneegrenze, die zu einer Verringerung der Albedo, dem Reflexionsvermögen der Erdoberfläche, führt, die wiederum eine ausgeprägte positive Rückkopplung mit verstärkendem Effekt schon für die natürlichen Schwankungen zur Folge hat.

Die Berücksichtigung der Sulfat-Aerosole bewirkt eine weitere Differenzierung der regionalen Erwärmungsmuster. Da Aerosole im Gegensatz zu den langlebigen Treibhausgasen nur regionale Verbreitung besitzen, zeigt sich ihre abkühlende Wirkung besonders über den Entstehungsgebieten und deren Lee-Zonen. Insgesamt ist ihr Effekt daher am deutlichsten in der stärker industrialisierten Nord-Hemisphäre, und zwar wegen der höheren Solarstrahlung hauptsächlich im Sommer. Abb. 3.4 zeigt oben die Verbreitung der Aerosole im Jahre 1990. Die wichtigsten Verbreitungsgebiete sind die östlichen USA, Mittel- und Osteuropa und das östliche China. Im Jahre 2049 (Abb. 3.4 unten) wird sich nach Modellberechnungen die Aerosolverbreitung besonders im Nahen Osten und über Süd- und Ostasien deutlich verstärken.

Die Problematik der klimatischen Wirkung der Aerosole zeigt sich dabei vor allem im asiatischen Raum. Die zu erwartende starke Industrialisierung Chinas wird durch die Erhöhung der Aerosolkonzentration wahrscheinlich sogar eine Abkühlung über dem tibetischen Hochplateau und Südchina zur Folge haben.

Damit aber sind weitreichende Folgen für den indischen Sommermonsun verknüpft. Der Sommermonsun transportiert mit Wasserdampf gesättigte Luft vom Indischen Ozean über den indischen Subkontinent. Die Küstengebirge und der Himalaya zwingen die Luft zum Aufsteigen, wodurch der Wasserdampf kondensiert und so die indische Landwirtschaft mit den nötigen Niederschlägen versorgt wird. Die Regenfälle in den vier Monsunmonaten April bis Juli machen ca. 70 % des jährlichen Niederschlags über dem Subkontinent aus. Die Intensität des indischen Sommermonsuns ist abhängig von dem Temperatur- und Luftdruck-Gegensatz zwischen Land und Meer. Wenn dieser Gegensatz durch eine Abkühlung über dem Inneren Asiens abgeschwächt wird, wird sich auch der Monsun abschwächen, und damit werden sich die für Indien so lebenswichtigen Niederschläge verringern. Eine Hamburger Modellrechnung ergab eine mögliche Reduzierung der Monsunregen um 10 % oder mehr.[1]

---

[1] LAL, M. et.al. (1995): Effect of transient increase of greenhouse gases and sulphate aerosols on Monsoon climate, Current Science, 69, 752–762

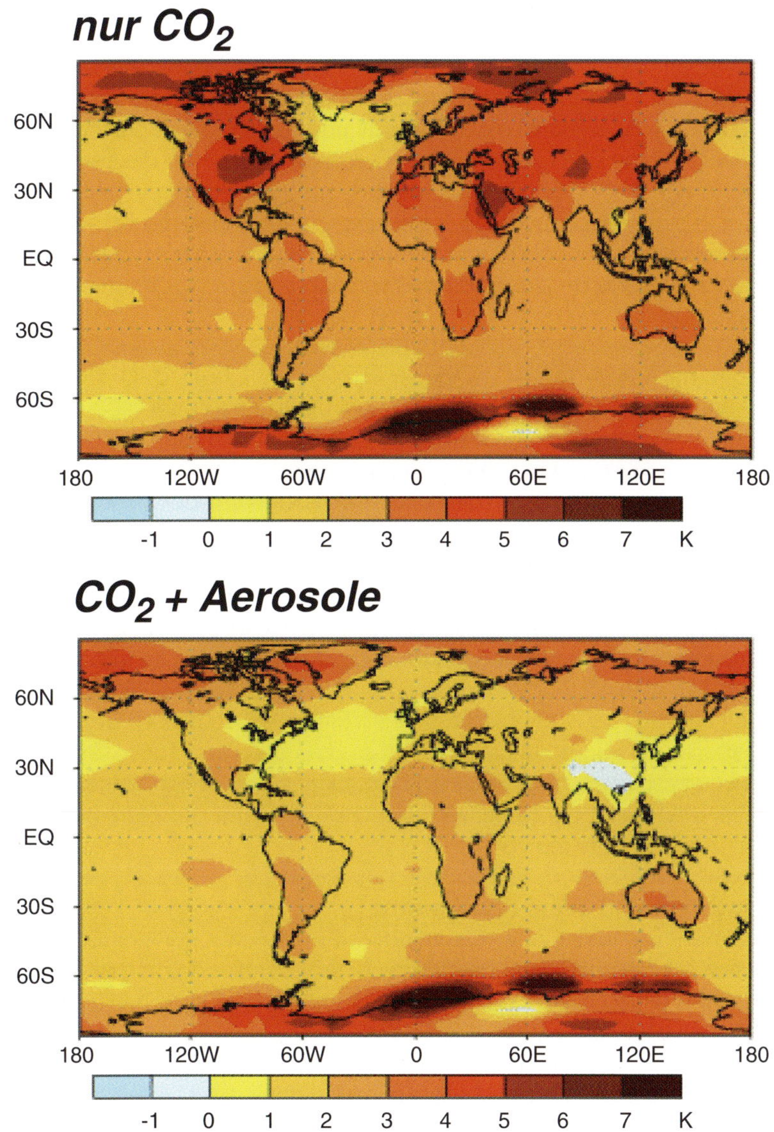

Abb. 3.5: Veränderung der globalen Mitteltemperatur bei CO_2- und CO_2 + Aerosol-Experimenten
(Quelle: MPI/DKRZ)

4. Klimasystem und Treibhauseffekt

4.1. Das Klimasystem

Wetter und Klima

Auf den kalten und verregneten Sommer 1993 folgten in Europa 1994 und 1995 sehr heiße Sommer, die im Juli 1994 mit 5 °C über dem langjährigen Monatsmittel lagen und 1995 in England, wo z. T. 34 °C erreicht wurden, im Juli und August die höchsten Temperaturen seit 1659 aufwiesen. Im darauffolgenden Winter dagegen rutschten die Temperaturen für eine ungewöhnlich lange Zeit unter den Gefrierpunkt, und die Spaziergänger in Norddeutschland vergnügten sich auf der zugefrorenen Alster und Ostsee. Auch die Sommer der Jahre 1996 und 1998 waren eher kühl und feucht. Deutsche Urlauber, die im Juli 1994 in Schweden unter einer Jahrhunderthitze litten, kamen zwei Jahre später verfroren aus dem nördlichen Nachbarland zurück.

Spielt das Klima verrückt? Nein – die Variationen in den Jahren 1993–1998 liegen durchaus im Bereich natürlicher Klimaschwankungen. Die Jahre 1996 und 1998 belehren uns, dass die ungewöhnlich warmen Sommer in den Jahren davor noch nicht der Beweis für die "Heißzeit" eines menschengemachten Treibhauseffektes waren, wie umgekehrt der kalte Winter und der kühle Sommer 1996 die These vom anthropogenen Treibhauseffekt auch nicht widerlegen.

„Klima“ wird gemeinhin definiert als das durchschnittliche Wetter (und seiner Extremwerte) eines bestimmten Gebietes in einem bestimmten Zeitraum. Das Gebiet kann klein oder groß sein, ein Küstenstreifen, ein Kontinent oder die ganze Erde. Der Zeitraum muss groß genug sein, um aus den vielen ständig variierenden Klimafaktoren wie Temperatur, Wind, Luftfeuchtigkeit, Luftdruck usw. einen statistischen Mittelwert zu bilden. Gewöhnlich werden 30 Jahre als Referenzzeit zugrunde gelegt, z. Zt. sind es die Jahre 1961–1990. Solange die Klimafaktoren in diesem Zeitraum um einen langjährigen Mittelwert pendeln, bleibt das Klima dasselbe. Erst wenn sich der Mittelwert und die Variabilität der Extreme erkennbar verändern, liegt eine Klimaänderung vor.

Das Klimasystem und seine Subsysteme

Um zu verstehen, wie es zu einer Klimaänderung – durch natürliche Einflüsse oder durch den Menschen – kommen kann, muss man eine Vorstellung von den Komponenten und ihren Wechselwirkungen haben, die das Klima bestimmen. Das Klima ist zwar in der Atmosphäre erfahrbar, unterliegt jedoch den Einwirkungen auch anderer „Sphären“. Zusammen mit der Atmosphäre bilden sie die Subsysteme des gesamten Klimasystems. Dazu gehören die Hydrosphäre (Ozeane, Flüsse, Seen und der globale Wasserkreislauf), die Kryosphäre (Land-, Meereis und Schnee), die Biosphäre (Vegetation, auch der Mensch), die Pedosphäre (Boden) und die Lithosphäre (Gestein).

Sonnenenergie und Atmosphäre

Das gesamte Klimasystem ist eine riesige Wärmekraftmaschine, die ihre Energie von der Sonne bezieht. Der unterschiedliche Einfallswinkel, mit dem die Sonnenstrahlung auf die Erdkugel trifft, ist letztlich der Grund dafür, dass es verschiedene Klimazonen auf der Erde gibt (tropisches, subtropisches, gemäßigtes, kaltes und polares Klima). Darauf weist auch

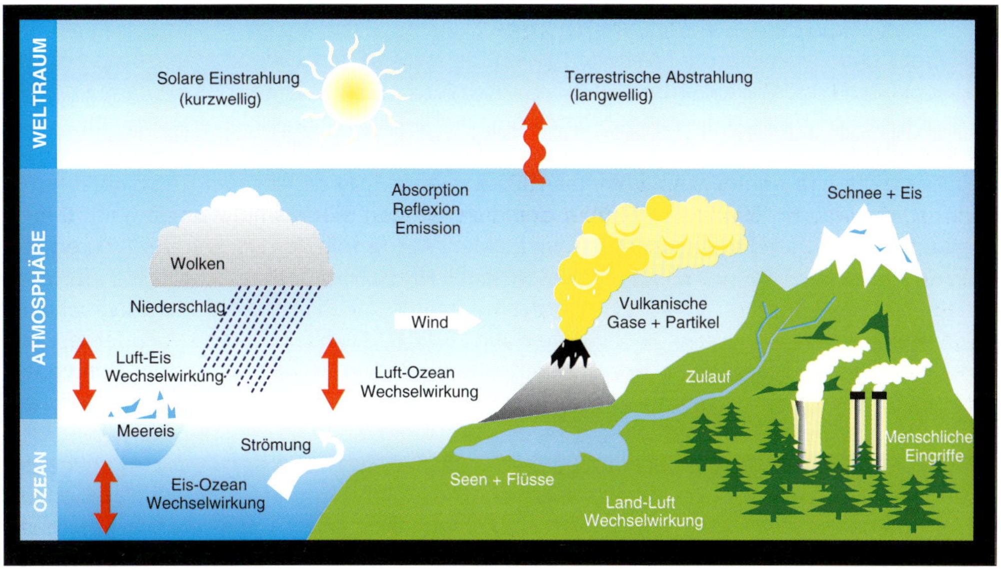

Abb. 4.1: Das Klimasystem
(Quelle: MPI/DKRZ)

die Bedeutung des Wortes ‚Klima', das dem Griechischen entstammt und „ich neige" bedeutet. In niederen Breiten ist der Neigungswinkel der Sonneneinstrahlung steil, in höheren dagegen flach. Daher empfangen die niederen Breiten beiderseits des Äquators relativ viel solare Energie pro Flächeneinheit, die höheren Breiten zu den Polen hin zunehmend weniger, was einen Energieüberschuss in den tropischen Regionen und ein Defizit nördlich und südlich davon zur Folge hat. Die sich daraus ergebenden kalten und warmen Zonen bedingen Unterschiede im Luftdruck, wodurch Winde und unter Einwirkung der Erddrehung das atmosphärische Zirkulationssystem entstehen, das im Mittel Energie von den tropischen in die höheren Breiten transportiert. Die Einstrahlungsunterschiede zwischen Tag und Nacht, Sommer und Winter, aber auch die Wechselwirkung der atmosphärischen Klimafaktoren untereinander und die mit den anderen Subsystemen haben zur Folge, dass das Klima ein äußerst dynamisches, nichtlineares chaotisches System darstellt.

Der Ozean

Die bedeutendste Wechselwirkung zwischen den Subsystemen ist für das Klima die zwischen Atmosphäre und Ozean. Luft und Wasser haben verschiedene thermische Eigenschaften. Wasser nimmt Energie nur sehr langsam auf und gibt sie auch sehr langsam wieder ab; seine Wärmespeicherungskapazität ist rund 1 000-mal höher als die der Luft. Es kann daher auf die überlagernde Atmosphäre, aber auch auf benachbarte Landgebiete kühlend oder wärmend wirken. Auf diese Weise werden die thermischen Unterschiede zwischen Tag und Nacht und zwischen den Jahreszeiten bis zu einem gewissen Grad ausgeglichen.

Vor allem aber ist das Meerwasser aufgrund seiner wärmespeichernden Eigenschaft in der Lage, Energie über große Entfernungen zu transportieren. Im Mittel trägt das Meerwasser etwa genau so viel zum Energieausgleich zwischen niederen und höheren Breiten bei wie die atmosphärische Zirkulation. Der Transportmechanismus wird durch Winde ausgelöst, die die Oberflächenströmung der Meere antreiben. So transportiert etwa der Golfstrom warmes Wasser in den Nordatlantik und sorgt für ein überdurchschnittlich warmes Klima in Westeuropa und eisfreie Häfen in Norwegen bis über den Polarkreis hinaus. Umgekehrt verfrachtet der Humboldtstrom kaltes Wasser aus dem Süd-Pazifik entlang der südamerikanischen Westküste bis zum Äquator und kühlt die Küstenregionen Nordchiles und Perus ab. An einigen Küsten treibt der Wind das Oberflächenwasser von der Küste weg, was dazu führt, dass es durch kaltes Auftriebswasser ersetzt wird, das wiederum die Temperatur der Atmosphäre erniedrigt. Das ist etwa der Fall an der Westküste Perus und an der Westküste des südlichen Afrika.

Niederschlag und Verdunstung beeinflussen Temperatur und Salzgehalt des Meerwassers und erzeugen somit Wasser unterschiedlicher Dichte. Wo der Ozean von oben erwärmt wird, liegt – bei gleichem Salzgehalt – warmes Wasser über kälterem und sorgt für eine stabile Schichtung. Dichteunterschiede können aber auch der Motor von Konvektion und Tiefenströmungen der Ozeane sein und eine thermohaline (durch Temperatur- und Salzgehaltsunterschiede bedingte) Zirkulation antreiben. So sorgen Verdunstung und Abkühlung sowie die Bildung von Meereis, bei der das Meersalz ausfriert, im Nordwestatlantik für sehr dichtes Oberflächenwasser, das in die Tiefe sinkt und sich langsam nach Süden bis in die antarktischen Gewässer bewegt. Auf diese Weise wird dem nordatlantischen Raum kaltes und salzreiches Wasser entzogen und in der Tiefe über den ganzen Ozean verteilt. Gleichzeitig entzieht das absinkende Wasser gelöstes Kohlendioxid dem Austausch mit der Atmosphäre für mehrere Jahrhunderte. Der Golfstrom ist ein Bestandteil dieser thermohalinen Zirkulation, die sich als das „große marine Förderband“ durch alle Ozeane zieht.

Verdunstung und Niederschlag sind auch an dem Energieaustausch zwischen Ozean und Atmosphäre beteiligt. Der Prozess der Verdunstung entzieht dem Oberflächenwasser sehr viel Energie, die im Wasserdampf durch Winde über große Entfernungen transportiert werden kann und bei der Kondensation zu Wassertröpfchen oder Schneeflocken wieder frei und an die Atmosphäre abgegeben wird.

Eis und Schnee

Auch die Kryosphäre ist ein wichtiger Faktor im Klimasystem. Die Bedeckung der Landoberfläche mit Schnee oder Gletschern bzw. des Meeres mit Treibeis isoliert Boden und Wasser von der Atmosphäre. Sie unterbindet damit den Energietransport und vermindert auch die Verdunstung.

Von besonderer Bedeutung ist das deutlich höhere Reflexionsvermögen (Albedo) von Eis und Schnee gegenüber Boden und Wasser. Während Ozean und Ackerboden 80–90 % der einfallenden Sonnenstrahlen absorbieren und in Wärme umwandeln und damit eine Albedo von nur 10–20 % haben, liegt die Albedo bei Eis und Schnee bei 50–90 %. Die hohe Reflexion der Sonneneinstrahlung durch Eis- und Schneeflächen führt zur weiteren Abkühlung des Bodens, des Oberflächenwassers und der unteren Luftschichten, wodurch wiederum die weitere Eis- und Schneebildung verstärkt wird. Man spricht hier von einem positiven Rückkopplungseffekt, der auch in umgekehrter Richtung ablaufen kann: Abschmelzende Eis- und Schneeflächen vermindern die Reflexion und verstärken damit die Erwärmung der Luft, des Wassers und des Bodens, wodurch der Abschmelzvorgang weiter beschleunigt wird.

Die Biosphäre

Das aus dem Meer entstandene Leben auf der Erde hat vor allem in der geologischen Vergangenheit für die Zusammensetzung der Atmosphäre eine entscheidende Bedeutung gehabt. Ursprünglich bestand die Atmosphäre im wesentlichen aus Kohlendioxid und Stickstoff. Erst die primitiven Algen der Urmeere ersetzten mit Hilfe der Photosynthese das Kohlendioxid soweit durch Sauerstoff, dass höheres Leben möglich wurde.

Auch heute liegt die klimatische Bedeutung der Biosphäre, zu der auch der Mensch gehört, vor allem in ihrem Einfluss auf die Chemie der Atmosphäre. Das Phytoplankton der Meere wie die Pflanzengemeinschaften auf dem Land steuern entscheidend den Kohlenstoffkreislauf. Bei der Photosynthese entziehen die Pflanzen der Atmosphäre bzw. dem Meerwasser ständig Kohlendioxid, das bei der Atmung und der bakteriellen Zersetzung der Pflanzen sowie durch Brände wieder frei wird bzw. durch Absinkvorgänge im Meer auch ganz der Atmosphäre entzogen werden kann. Die Intensität des natürlichen Treibhauseffekts ist insofern wesentlich von den Pflanzengemeinschaften abhängig. In jüngster Zeit ist der Mensch dabei, die nacheiszeitliche Stabilität des natürlichen Kohlenstoffkreislaufs empfindlich zu stören und damit den natürlichen Treibhauseffekt um eine anthropogene Komponente zu verstärken.

Boden und Gestein

Die Böden sind eine Grundlage der terrestrischen Pflanzen und beeinflussen somit indirekt das Klima, von dem wiederum verschiedene Verwitterungsformen und somit die Art der Böden bestimmt sind. Von dem Vorhandensein und der Art der Böden ist direkt oder indirekt

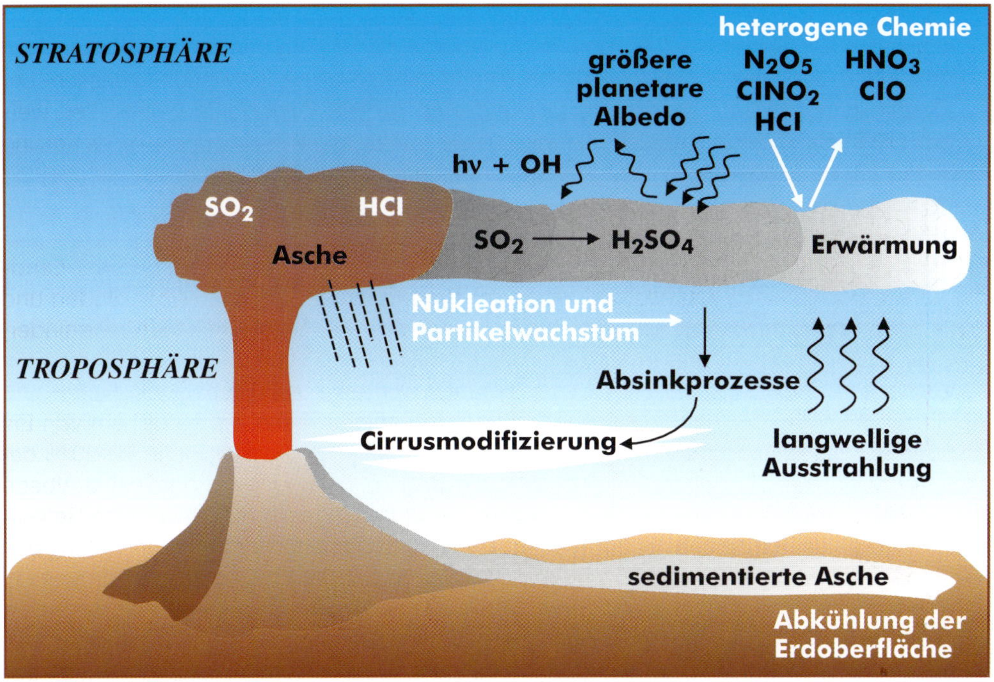

Abb. 4.2: Klimatische Folgen eines Vulkanausbruchs (Quelle: MPI/DKRZ)

– über die Pflanzendecke – auch die Albedo des Festlandes abhängig. Der Boden ist zudem ein wichtiger Wasserspeicher und lenkt das aufgenommene Wasser ins Grundwasser, in Oberflächengewässer oder in Pflanzen um.

Auch die Topographie der Kontinente und des Ozeanbodens beinflusst das Klima. Sie steuert Teile der atmosphärischen Zirkulation und der Meeresströmungen und beeinflusst auch den Wasserdampfaustausch zwischen den Ozeanen, der wiederum grundlegend für die thermohaline Zirkulation ist.

Die Verteilung von Land und Meer ist wegen der verschiedenen thermischen Eigenschaften ebenfalls ein bedeutender Klimafaktor. Veränderungen im festen Gestein der Erdkruste, das aus einzelnen Platten besteht, die durch das darunterliegende Magma langsam bewegt werden, sind allerdings nur über Zeiträume von vielen Millionen Jahren klimarelevant. Eine Ausnahme sind explosive Vulkanausbrüche, deren Partikel und Gase bis in die Stratosphäre geschleudert werden, wo sie das Sonnenlicht reflektieren bzw. absorbieren, was zu einer vorübergehenden Erwärmung der unteren Stratosphäre und Abkühlung der bodennahen Luftschichten führen kann.

Externe und interne Klimafaktoren

Die Vielzahl der Klimaeinflussfaktoren lässt sich in zwei Gruppen gliedern:

1. Die externen Klimafaktoren besitzen eine Wirkung auf das Klima, ohne dass sie von diesem beeinflusst werden. Hierzu gehören die Sonneneinstrahlung, die durch Aktivitäten auf der Sonne und durch Veränderungen der Erdbahnparameter variiert wird, und vulkanische Aktivitäten.
2. Die internen Klimafaktoren stehen in Wechselwirkung miteinander, innerhalb und zwischen den Subsystemen. Z. B. führt Verdunstung zur Erhöhung des Salzgehaltes und zur Abkühlung des Meerwassers und kann so eine thermohaline Zirkulation antreiben. Die Kondensation erwärmt die Atmosphäre und trägt zur Entstehung von Wolken bei. Wolken reflektieren Sonnenstrahlen und senken die Lufttemperatur ab, können andererseits aber auch die langwellige Ausstrahlung vermindern und damit einen Erwärmungseffekt besitzen.

Zeitskalen

Die Veränderungen und Wechselwirkungen der Komponenten, die das Klima bestimmen, folgen sehr unterschiedlichen Zeitskalen. Darin liegt eine der Schwierigkeiten, das Klimageschehen zu verstehen und in Modellen nachzubilden. Am schnellsten ändern sich die Phänomene in der Atmosphäre. Wichtige Vorgänge wie etwa der Wechsel von Hoch- und Tiefdruckgebieten in den mittleren Breiten erfolgen in wenigen Tagen, Wolkenkonstellationen wandeln sich sogar in Stunden.

Beim Ozean ist die in Zeiträumen von Wochen bis Monaten reagierende Deckschicht von der Tiefsee zu unterscheiden, in der die typischen Vorgänge Jahrzehnte bis mehrere Jahrhunderte brauchen. Die oberen 50–100 m des Ozeans sind unmittelbar an die Vorgänge in der Atmosphäre gekoppelt, weshalb Temperatur, Salzgehalt und Strömungen in relativ kurzen Zeitskalen ihren Zustand modifizieren können. Veränderungen in der Tiefsee laufen dagegen weitgehend getrennt von den Vorgängen in der Deckschicht ab und erfolgen wegen der großen beteiligten Wassermassen nur sehr langsam.

Noch längere Zeit brauchen die Bildung und das Abschmelzen der großen Eisschilde, wie sie sich heute auf Grönland und der Antarktis finden, die es in der letzten Kaltzeit aber auch in Nordeuropa und Nordamerika gab. Ihre Veränderungen erstrecken sich über einige 10 000 Jahre und mehr.

4.2. Der Stockwerkaufbau der Atmosphäre

Das Temperaturprofil der Atmosphäre

Der typische vertikale Aufbau der Atmosphäre hat einen wesentlichen Einfluss darauf, wie Wetter- und Klimaprozesse ablaufen. Die Wettervorgänge wie Wolkenbildung und Niederschlag, auf- und absteigende Luft usw. spielen sich im untersten Stockwerk der Atmosphäre, der Troposphäre, ab. Der Grund liegt in dem Temperatur-Profil der beiden unteren Schichten der Atmosphäre. In der Troposphäre nimmt die Temperatur vom Erdboden bis zur Tropopause, der Obergrenze der Troposphäre, von im Mittel 15 °C auf –50 °C ab. Die Tropopause liegt bei ca. 7 km am Pol und bei ca. 12 km am Äquator. Die Temperaturabnahme mit der Höhe ist darin begründet, dass die Troposphäre primär von unten erwärmt wird. Die kurzwellige Sonnenstrahlung dringt weitgehend ungehindert durch die Atmosphäre hindurch und wird vom Erdboden absorbiert, der dann langwellige Wärmestrahlen emittiert, die die Troposphäre erwärmen.

In der Stratosphäre nimmt die Temperatur wieder zu, da sie nicht mehr primär von unten, sondern von oben erwärmt wird. Die Sonnenstrahlen im UV-Bereich werden in der Stratosphäre von dem hier konzentrierten Ozon absorbiert, was zu einem Temperaturanstieg von –50 °C an der Untergrenze zur Troposphäre auf etwa 0 °C in 50 km Höhe führt. Die gegenüber der oberen Troposphäre höheren Temperaturen in der Stratosphäre begrenzen vertikale Luftbewegungen und schränken damit das Wettergeschehen auf die Troposphäre ein. Ohne die Stratosphäre könnten z.B. tropische Gewitterwolken in 20 bis 30 km Höhe aufsteigen und aufgrund der längeren Fallhöhe Hagel-Niederschläge mit zehn und mehr Zentimentern Durchmesser produzieren. In der über der Stratosphäre liegenden Mesosphäre nimmt die Temperatur auf –100 °C in 90 km Höhe wieder ab, da hier das Ozon fehlt. Die Bedeutung der Mesosphäre für Wetter und Klima ist noch nicht geklärt.

Die Zusammensetzung der Atmosphäre

Die chemische Zusammensetzung der Atmosphäre ist ein weiterer wichtiger Klimafaktor, da sie, wie am Beispiel des Ozons schon angedeutet, einen entscheidenden Einfluss auf den Strahlungshaushalt der Atmosphäre hat. Die Atmosphäre besteht aus einer Reihe von Gasen, von denen Stickstoff mit 78 %, Sauerstoff mit 21 % und Argon mit 0,9 % den größten Anteil haben. Der Druck dieses Gasgemisches nimmt aufgrund der Schwerkraft der Erde mit der Höhe von 1013 hPa am Boden auf 100 hPa in der unteren Stratosphäre und auf 1 hPa an der Stratopause ab; d. h. mehr als 99,9 % der Masse der Atmosphäre befinden sich in Troposphäre und Stratosphäre.

Klimawirksam sind allerdings nicht die Gase mit dem höchsten Anteil an der atmosphärischen Zusammensetzung, sondern einige Spurengase, deren Anteil bei jeweils weniger als 1 ‰ liegt. Sie absorbieren die kurzwellige Solarstrahlung und vor allem die terrestrische In-

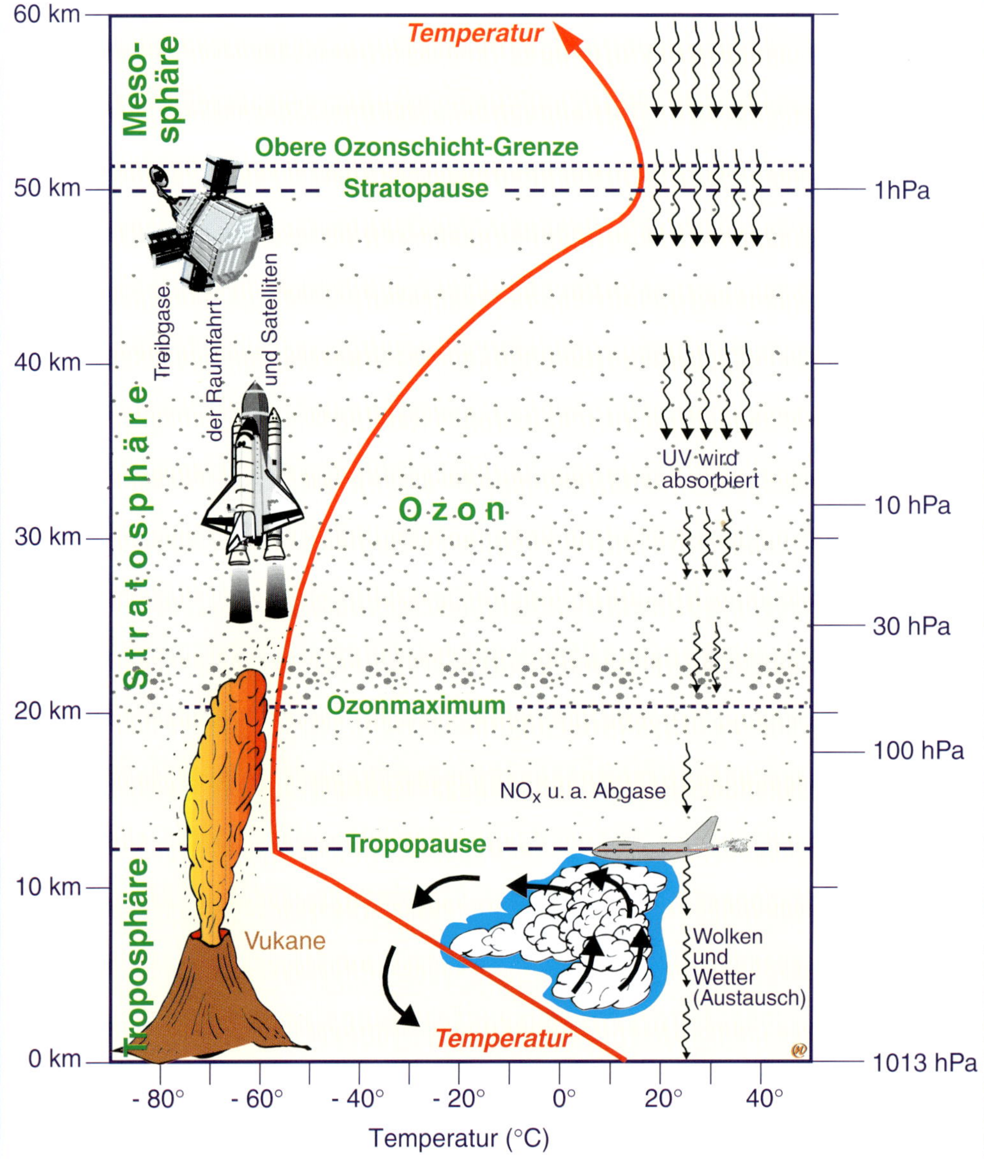

Abb. 4.3: Der Stockwerkaufbau der Atmosphäre
(Quelle: MPI/DKRZ)

frarotstrahlung und tragen damit über den sogenannten natürlichen Treibhauseffekt entscheidend zur Erwärmung der Atmosphäre bei. Ohne die Wirksamkeit dieser Spurengase wäre es in Bodennähe um 33 °C kälter; d.h. wir hätten auf der Erde statt der gegenwärtigen +15 °C eine globale Durchschnittstemperatur von –18 °C.

Diese Gase befinden sich entsprechend der atmosphärischen Dichte vor allem in der unteren Troposphäre. Eine Ausnahme bildet das Ozon, dessen Hauptanteil sich in der Stratosphäre zwischen 15 und 35 km Höhe befindet. Es absorbiert im ultravioletten Spektrum der Sonnenstrahlung und erwärmt damit nicht nur die Stratosphäre, sondern schützt auch das Leben auf der Erde vor der gefährlichen UV-Strahlung.

4.3. Der Treibhauseffekt

Der Strahlungshaushalt der Atmosphäre

Der vom Menschen verursachte oder anthropogene Treibhauseffekt ist lediglich eine Verstärkung des natürlichen Treibhauseffekts. Ohne die natürliche Treibhauswirkung der Atmosphäre würde die globale Mitteltemperatur der Erde gegenwärtig nicht bei +15 °C, sondern bei –18 °C liegen. Der Treibhauseffekt ist ein Phänomen der Strahlungsvorgänge in der Atmosphäre, die von der Einstrahlung der Sonne angetrieben werden.

Aufgrund ihrer hohen Temperatur von etwa 5 500 °C liegt die von der Sonne abgegebene Strahlung hauptsächlich im Bereich des sichtbaren Lichts, d.h. in dem Wellenlängenbereich bis etwa 3,5 μm (1 μm = 10^{-6} m = 1 Millionstel m). Die Energie der kurzwelligen Sonneneinstrahlung besitzt oberhalb der Erdatmosphäre einen Wert von 1 368 Watt pro Quadratmeter.

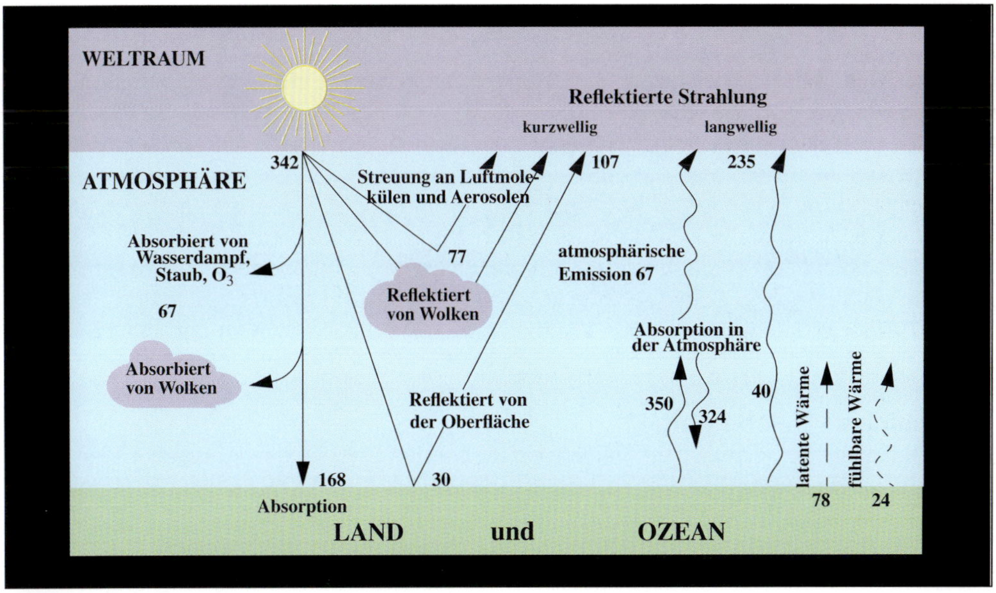

Abb. 4.4: Strahlungshaushalt der Atmosphäre
(Quelle: MPI/DKRZ)

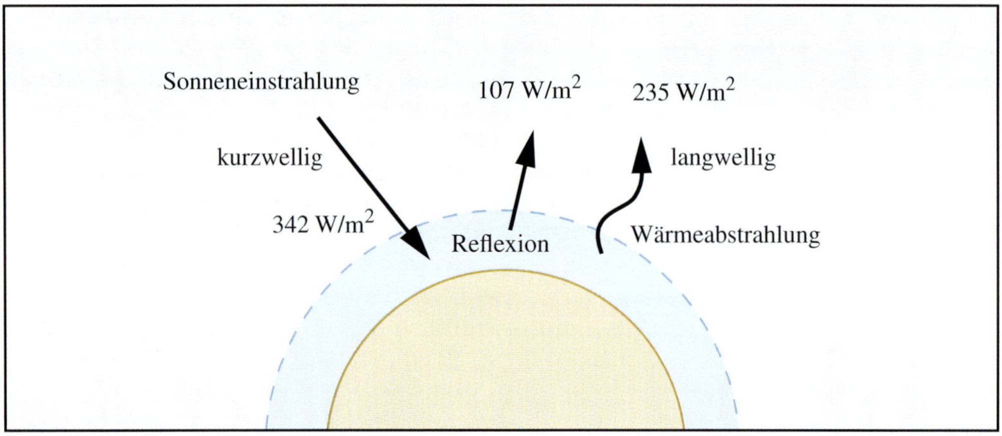

Abb. 4.5: Die Strahlungsbilanz der Atmosphäre
(Quelle: MPI/DKRZ)

Dieser Wert wird als Solarkonstante bezeichnet. Im Durchschnitt erhält davon die Atmosphäre wegen der Kugelgestalt der Erde und der sonnenabgewandten Nachtseite jeweils einer Erdhälfte aber nur ein Viertel[1] oder 342 W/m^2. Von dieser Strahlung stehen aber nur 235 W/m^2 oder 69 % für die Erwärmung der Atmosphäre und der Erdoberfläche tatsächlich zur Verfügung, da durch die Reflexion an der Erdoberfläche und in der Atmosphäre 31 % bzw. 107 W/m^2, die sogenannte planetare Albedo, in den Weltraum wieder unmittelbar zurückgestrahlt werden. Von den 235 W/m^2 werden 67 W/m^2 (20 % der solaren Einstrahlung) von Wolken, Wasserdampf, Staub und Ozon in der Atmosphäre absorbiert und erwärmen so die Atmosphäre direkt, während 168 W/m^2 (49 % der solaren Einstrahlung) von der Erdoberfläche absorbiert werden und diese erwärmen.[2]

Das auf diese Weise erwärmte System Erde-Atmosphäre gibt die aufgenommene Energie entsprechend seiner gegenüber der Sonne deutlich geringeren Temperatur im langwelligen Infrarotbereich als Wärmestrahlung wieder ab. Die Menge der gesamten an den Weltraum zurückgestrahlten Energie an der Obergrenze der Atmosphäre, d.h. der reflektierten Solarstrahlung und der emittierten Wärmestrahlung, entspricht genau der aufgenommenen Solarenergie. Andernfalls würde die Erde sich stetig aufheizen bzw. abkühlen. Abb. 4.5 macht vereinfacht den Vorgang an der Obergrenze der Atmosphäre deutlich: Die Atmosphäre nimmt die kurzwellige Solarstrahlung von 342 W/m^2 auf und gibt die reflektierte Strahlung von 107 W/m^2 sowie die langwellige Wärmestrahlung von 235 W/m^2 an den Weltraum wieder ab.

Der natürliche Treibhauseffekt

Von entscheidender klimatischer Bedeutung ist bei den Strahlungsvorgängen in der Atmosphäre, dass die langwellige Wärmestrahlung der erwärmten Erdoberfläche die Atmosphäre

---

[1] Ein Viertel deswegen, weil die Sonneneinstrahlung in der ursprünglichen Menge nur in bezug auf die Querschnittsfläche der Erde πR2 wirksam ist und nicht in bezug auf die gesamte Erdoberfläche 4πR2.

[2] Die Daten stammen im wesentlichen aus: HOUGHTON, J.T. et al. (1996): Climate Change 1995. The Science of Climate Change. Cambridge, S. 58

größtenteils nicht auf direktem Wege verlässt, sondern von atmosphärischen Spurengasen, den natürlichen Treibhausgasen, und von Wolken zunächst teilweise absorbiert wird. Spurengase und Wolken emittieren diese Energie einerseits an den Weltraum und strahlen sie andererseits in Richtung Erdoberfläche zurück, die dadurch zusätzlich aufgeheizt wird und wiederum langwellige Strahlung an die Atmosphäre emittiert, die diese wieder Richtung Erdoberfläche abstrahlt usw. Der auf diese Weise hervorgerufene Wärmestau in der unteren Atmosphäre bewirkt einen Temperatureffekt von +33 °C bzw. eine Erwärmung von –18 °C (bei Annahme einer Atmosphäre ohne Wolken und Spurengase) auf +15 °C und ermöglicht damit überhaupt erst Leben auf der Erde.

Die Erdoberfläche erhält durch die Sonneneinstrahlung und den natürlichen Treibhauseffekt insgesamt eine Energie von 492 Watt pro m^2 (168 W/m^2 Solarstrahlung + 324 W/m^2 atmosphärische Wärmestrahlung) und gibt an die Atmosphäre 350 W/m^2 als Wärmeausstrahlung wieder ab. Der resultierende Energieüberschuss von 142 W/m^2 wird zum einen dadurch ausgeglichen, dass ein geringer Teil der Wärmeausstrahlung (40 W/m^2) von den Treibhausgasen nicht absorbiert wird und durch das sogenannte Absorptionsfenster (s. Abb. 4.7) in den Weltraum entweicht. Zum anderen gibt die Erdoberfläche 24 W/m^2 als fühlbare Wärme und 78 W/m^2 als latente Wärme an die Atmosphäre ab. Der Fluss fühlbarer Wärme transportiert Energie vom erwärmten Erdboden durch das Aufsteigen warmer Luft in die untere Atmosphäre. Latente Wärme wird durch Wasserdampf in die Atmosphäre transportiert, indem durch Verdunstung von Wasser der Umgebung zunächst Energie entzogen wird, die dann bei der Kondensation in größerer Höhe wieder freigesetzt wird.

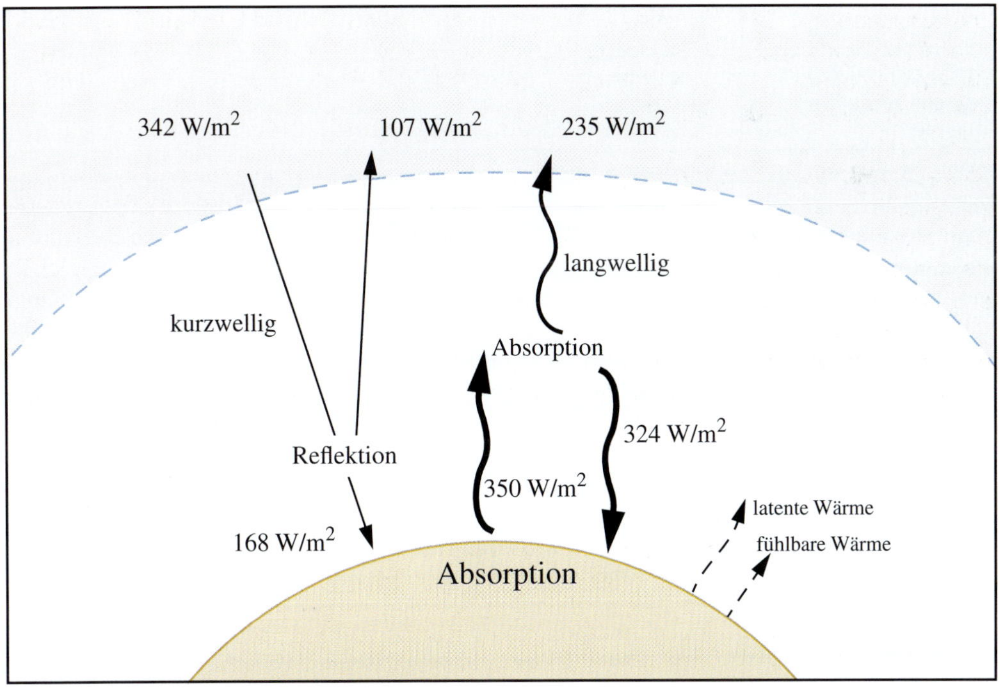

Abb. 4.6: Mechanismus des Treibhauseffekts
(Quelle: MPI/DKRZ)

In Anlehnung an das Garten-Treibhaus bezeichnet man den Wärmestau in der unteren Atmosphäre als „Treibhauseffekt“. Die Vergleichbarkeit zwischen beiden ‚Treibhäusern‘ ist allerdings begrenzt. Die Glasabdeckung des echten Treibhauses lässt wie die Atmosphäre kurzwellige Sonnenstrahlen weitgehend passieren. Das Innere des Treibhauses wird dadurch erwärmt und emittiert langwellige Wärmestrahlung, die vom Glas ähnlich wie von den Treibhausgasen der Atmosphäre absorbiert wird. Das Glas unterbindet aber im Gegensatz zu den Treibhausgasen der Atmosphäre auch den Lufttransport und damit weitgehend den Fluss fühlbarer und latenter Wärme.

Die eigentlichen Verursacher des Treibhauseffekts sind eine Reihe von Spurengasen wie Wasserdampf (H_2O), Kohlendioxid (CO_2), Methan (CH_4), Distickstoffoxid (N_2O), Ozon (O_3) u.a., deren Anteil an der Gesamtmasse der Atmosphäre zusammen weniger als 1 % ausmacht. Diese Treibhausgase lassen die kurzwellige Solarstrahlung weitgehend passieren, absorbieren aber die langwellige Wärmestrahlung der Erdoberfläche im Infrarotbereich. Sie tun das in Wellenlängenbereichen ab etwa 3 µm. Dabei absorbieren die einzelnen Spurengase in unterschiedlichen Absorptionsbanden. (Abb. 4.7)

Tabelle 4.1: Beitrag von Spurengasen der Atmosphäre zum natürlichen Treibhauseffekt[1]

Treibhausgas	Konzentration[2]	Beitrag zum natürlichen Treibhauseffekt	
		Temperaturerhöhung	prozentual
Wasserdampf (H_2O)	1-4 %[3]	20,6 °C	62,0%
Kohlendioxid (CO_2)	358 ppm	7,2 °C	22,0%
Ozon, bodennah (O_3)	0.03 ppm	2,4 °C	7,0%
Distickstoffoxid (N_2O)	0.31 ppm	1,4 °C	4,0%
Methan (CH_4)	1,72 ppm	0,8 °C	2,5%
andere		0,6 °C	2,5 %

Das wichtigste natürliche Treibhausgas ist Wasserdampf, das für fast Zweidrittel des natürlichen Treibhauseffekts verantwortlich ist. Es absorbiert in breiten Spektralbereichen um 3 µm, 5 µm und 20 µm nahezu vollständig. Es lässt aber in anderen Wellenlängenbereichen wie um 4 µm und um 10 µm die Infrarotstrahlung nahezu ganz passieren. In diesen Spektren setzen die anderen Treibhausgase an. So absorbiert das zweitwichtigste natürliche Treibhausgas, das Kohlendioxid, gerade um 4 µm und 15 µm. Ozon, Distickstoffoxid und Methan füllen weitere Lücken des Wellenlängenspektrums.

Der anthropogene Treibhauseffekt

Seit Beginn des Industriezeitalters beeinflusst der Mensch die klimatische Wirksamkeit der Atmosphäre durch einen zusätzlichen Treibhauseffekt. Durch unterschiedliche menschliche Aktivitäten wird einerseits die Konzentration der natürlichen Treibhausgase wie Kohlendi-

[1] Nach: SCHÖNWIESE, C.-D. (1996): Anthropogene Verstärkung des Treibhauseffektes, Geographie und Schule, Nr. 101, S. 15; und ders.(1996): Klimaänderungen. Daten, Analysen, Prognosen, Berlin, Heidelberg, S. 135.

[2] 1994

[3] bodennahes Mittel 2,6 %, Troposphäre 1,5 %

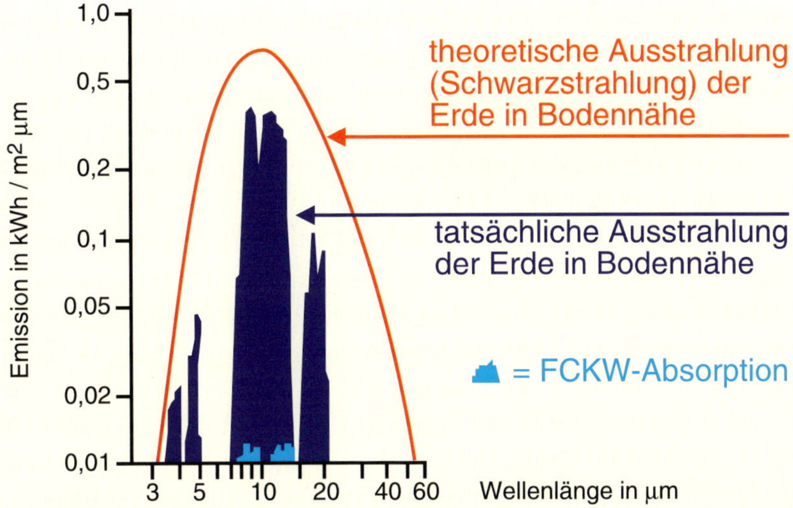

Theoretische Ausstrahlung der Erdoberfläche ohne Treibhauswirkung (rote Kurve) und tatsächlicher Ausstrahlung (blaue Fläche) in den Weltraum aufgrund der Wirkung der Treibhausgase.

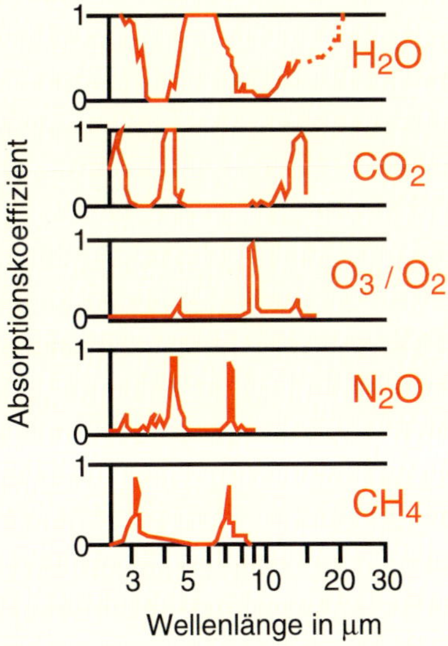

Wellenlängenbereiche, in denen die einzelnen angegebenen Treibhausgase die Wärmestrahlung absorbieren und dementsprechend zur Erdoberfäche emittieren (zurückwerfen).
Der Absorptionskoeffizient gibt die Intensität dieser Absorption an.

Quelle: Enquete-Kommission

Abb. 4.7: Absorptionsbereiche der Treibhausgase

oxid, Methan, Distickstoffoxid usw. erhöht, andererseits werden mit den FCKWs neue Treibhausgase in die Atmosphäre emittiert. Die Wirksamkeit der anthropogenen Beiträge hängt u. a. davon ab, wie stark die jeweiligen Absorptionsbanden durch die Wirkung der natürlichen Treibhausgase bereits gesättigt sind.

Da eine Temperaturerhöhung auch zu einer höheren Verdunstung führt, erhöht sich durch die menschliche Klimabeeinflussung auch der Wasserdampfgehalt der Atmosphäre. Die Temperaturwirksamkeit des zusätzlichen Wasserdampfes ist jedoch relativ gering, da die Absorptionsbanden von Wasserdampf nahezu gesättigt sind. Einen größeren Temperatureffekt hat die Erhöhung des CO_2-Gehalts durch die Verbrennung von fossilen Energierohstoffen und Veränderungen in der Landnutzung. Aber auch hier sind die Absorptionsbanden durch das natürliche Kohlendioxid weitgehend gesättigt, und nur die gewaltige Menge an anthropogener CO_2-Zufuhr von über 29 Milliarden Tonnen pro Jahr bewirkt, dass Kohlendioxid für weit über die Hälfte des anthropogenen Treibhauseffekts verantwortlich ist.

Tabelle 4.2: Langlebige anthropogene Treibhausgase[1]

	Kohlendioxid	**Methan**	**Distickstoffoxid**	**FCKW-11**
vorindustrielle atmosphärische Konzentration	280 ppmv	700 ppbv	275 ppbv	0
Konzentration 1994	358 ppmv	1720 ppbv	312 ppbv	0,25 ppbv
anthropogene Emission[2]	29 Gt/a	400 Mt/a	10 Mt/a	827 000 t/ a[3]
Konzentrationszunahme[4]	0,4 %/a	0,6 %/a	0,25 %/a	0 %/a
mittlere Verweilzeit (Jahre)	50-200	12	120	50
relatives Treibhauspotential[5]	1	21	310	3400
Beitrag zum anthropogenen Treibhauseffekt[6]	64,2 %	19,3 %	4,0 %	2,5 %

Bei den übrigen anthropogenen Treibhausgasen sind die natürlichen Absorptionsbanden dagegen nur bis zu einem geringen Grad bzw. (bei den FCKWs) gar nicht gesättigt. Die Folge ist, dass ein zusätzliches Molekül dieser Gase eine wesentlich höhere Treibhauswirkung hat als ein zusätzliches CO_2-Molekül. So besitzt etwa ein Methan-Molekül das 310fache und ein FCKW11-Molekül das 3400fache des Treibhauspotentials eines CO_2-Moleküls.

[1] Daten nach: HOUGHTON, J. T. et. al. (1996): Climate Change 1995. The Science of Climate Change. Cambridge, S.15; SCHÖNWIESE, C.-D. (1995): Klimaänderungen. Daten, Analysen, Prognosen, Berlin, Heidelberg, S.173; ZWICK, A. (1997): Climate change research and policy: updates. Part II: Kyoto and Beyond - Climate Research and Climate Policy Briefing. Report No. 9/Part II, EC-JRC- Institute for Prospective Technological Studies, Seville, S.9

[2] 1991

[3] alle FCKW

[4] für den Zeitraum 1984-1993 pro Jahr

[5] relatives molekulares Treibhauspotential gemessen an der Treibhauswirkung von CO_2 (=1) über 100 Jahre

[6] andere (vor allem O_3): 10 %

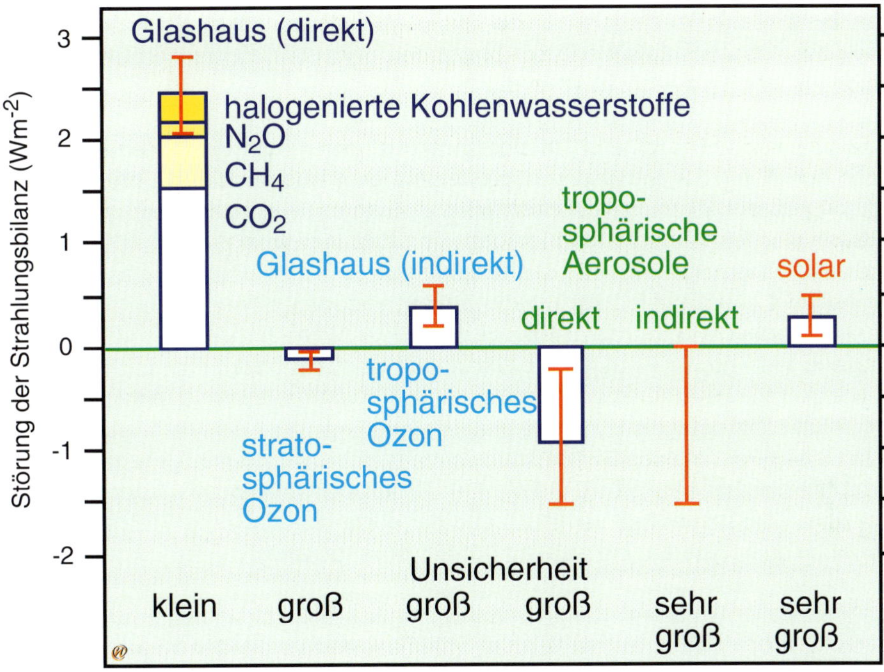

(Quelle: Graßl,H., Physikalische Blätter 6/95)

Störung der Strahlungsbilanz durch erhöhte Emission von Treibhausgasen und Veränderungen beim Ozon seit 1850 sowie durch erhöhte Lufttrübung (Aerosole).
Die Höhe der Balken gibt den jeweils global gemittelten Schätzwert an, die Fehlerbalken deuten die Unsicherheit an.
Am unteren Bildrand wird die Zuverlässigkeit der Schätzungen kommentiert.

Abb. 4.8: Strahlungsantrieb durch Treibhausgase, Aerosole und Solarvariabilität

Von großer Bedeutung für die Treibhauswirkung ist auch die Verweilzeit der emittierten Treibhausgase in der Atmosphäre. Das Kohlendioxid wird durch sehr unterschiedliche Prozesse, z. B. durch die Photosynthese der Pflanzen, die Lösung im Ozean oder die Aufnahme im Boden, wieder aus der Atmosphäre entfernt und besitzt daher keine eindeutig bestimmbare mittlere Verweilzeit in der Atmosphäre. Demgegenüber wird etwa die atmosphärische Lebensdauer von Methan fast ausschließlich durch die Oxidation mit OH in der Atmosphäre kontrolliert, woraus ein mittlerer Verbleib in der Atmosphäre von 12 Jahren resultiert. Die lange Verweilzeit von Distickstoffoxid von 120 Jahren erklärt sich daraus, dass dieses Treibhausgas hauptsächlich durch Photolyse in der Stratosphäre entfernt wird.

Im Gegensatz zu den langlebigen Treibhausgasen, die Jahrzehnte und länger in der Atmosphäre verbleiben und daher auch rund um den Globus eine gute Durchmischung aufweisen, beträgt die Lebensdauer des bodennahen Ozons nur wenige Tage. Ozon entsteht durch Photo-Oxidation von CO, Methan und anderen Hydrogenkarbonaten unter Beteiligung von NO_x und wird zerstört durch ultraviolette Photolyse und Reaktion mit OH-Radikalen. Seine Konzentration variiert daher stark, sowohl räumlich wie zeitlich. Während die anthropogen bedingte Ozon-Zunahme in der Troposphäre einen (lokalen) Erwärmungseffekt besitzt, wirkt die stratosphärische Ozon-Zerstörung durch anthropogene FCKW-Emission abkühlend.

Die Emissionsmenge, das relative Treibhauspotential und die atmosphärische Verweilzeit bestimmen den Anteil der einzelnen Gase am gesamten zusätzlichen Treibhauseffekt. Die seit dem vorigen Jahrhundert zu beobachtende Zunahme der Konzentration treibhauswirksamer Spurengase führt zu einer Veränderung des Strahlungsgleichgewichts der Atmosphäre und damit zu einem Klimawandel. Die Störung des Strahlungshaushalts bzw. der Strahlungsantrieb (engl. „radiative forcing") durch den anthropogenen Treibhauseffekt seit Beginn der Industrialisierung wird durch die Veränderung der Nettostrahlungsflussdichte an der Tropopause in Watt pro m^2 angegeben. Die langlebigen und gleichmäßig verteilten Treibhausgase haben zu einem Strahlungsantrieb von 2,45 W/m^2 seit dem Anfang des Industriezeitalters geführt. Daran ist die Zunahme des Kohlendioxids mit 1,56 W/m^2 beteiligt, die von Methan mit 0,47 W/m^2, die von Distickstoffoxid mit 0,14 W/m^2 und mit 0,3 W/m^2 die der halogenierten Kohlenwasserstoffe (FCKW). Der Strahlungsantrieb des troposphärischen Ozons ist wegen der ungleichen Verteilung und der Kurzlebigkeit dieses Treibhausgases nur sehr schwer zu quantifizieren und wird auf 0,2–0,6 W/m^2 geschätzt.

Die Abnahme des O_3-Gehalts in der Stratosphäre hat dagegen einen negativen Strahlungsantrieb von -0,1 W/m^2. Dem anthropogenen Treibhauseffekt entgegen wirkt auch die vom Menschen verursachte Erhöhung der Aerosolkonzentration in der Atmosphäre, die ihre Ursache hauptsächlich in der Verbrennung fossiler Energierohstoffe hat und einer starken räumlichen und zeitlichen Variation unterliegt, da die anthropogen verursachten Aerosole nur für wenige Tage in der Nähe der Entstehungszentren in der Luft schweben und dann ausgewaschen werden oder wieder absinken. Aerosole sind erstens direkt strahlungsaktiv, indem sie Sonnenlicht reflektieren, und zweitens indirekt, da sie einen Einfluss auf die Wolkenbildung besitzen. Beide Effekte, besonders der letzte, sind schwer abzuschätzen. Gegenüber den anthropogen verursachten Veränderungen der Strahlungsbilanz nimmt sich die Wirkung der Erhöhung der Solarstrahlung auf den Strahlungsantrieb von ca. 0,25 W/m^2 in den letzten 100 Jahren bescheiden aus.

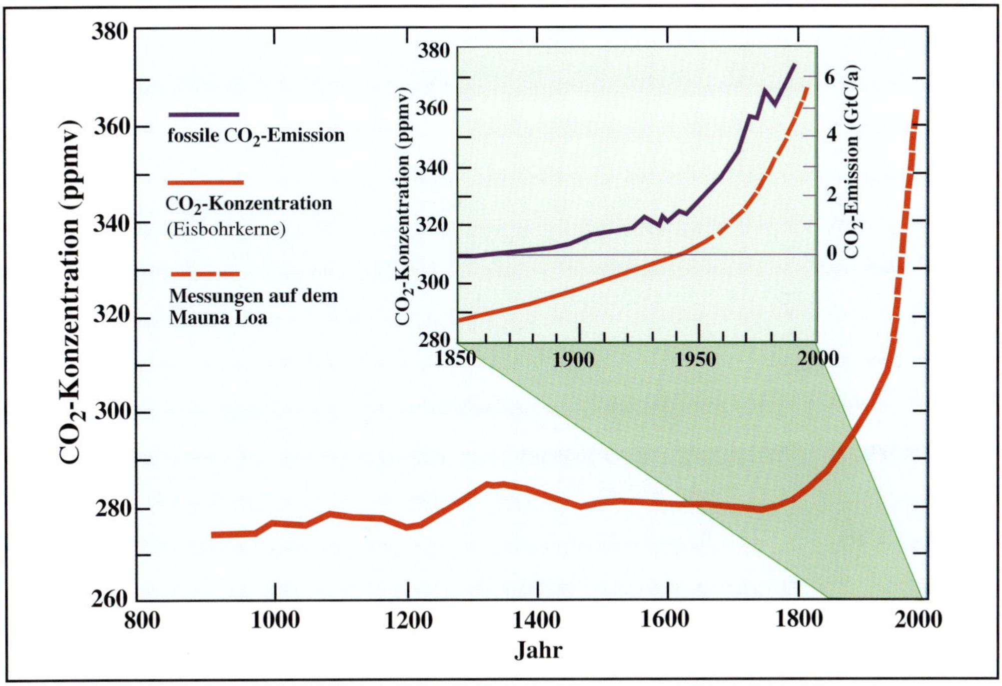

Abb. 5.1: Die Veränderung der CO_2-Konzentration seit dem Mittelalter[1]

5. Treibhausgase und Aerosole

5.1. Kohlendioxid

Der Anstieg der CO_2-Konzentration

Der sichtbarste Beweis für die menschliche Einwirkung auf klimarelevante Faktoren ist der Anstieg der CO_2-Konzentration in der Atmosphäre. Vor der Industrialisierung lag der atmosphärische Kohlendioxid-Gehalt jahrhundertelang bei 280 ppm mit nur geringen Schwankungen von 10 ppm. Seit Beginn der Industrialisierung um 1800 steigt die CO_2-Konzentration exponentiell an und erreichte 1998 365 ppm. Das entspricht einer Steigerung um fast 30 % in rund 200 Jahren. Eine vergleichbare Änderung der Kohlendioxid-Konzentration gab es in der Vergangenheit nur in Zeiten extremer Klimaschwankungen im Übergang von der letzten Kaltzeit zur gegenwärtigen Warmzeit, d. h. vor ca. 11 000 Jahren.[2]

Seit 1957 wird der CO_2-Gehalt am Südpol instrumentell gemessen, seit 1958 auf dem Mauna Loa/Hawaii. Die Daten davor stammen von Luftblasen in Eisbohrkernen und sind zeitlich weniger genau zuzuordnen. Die direkten Messungen seit den 50er Jahren zeigen einen deutlichen Anstieg der Wachstumsraten der CO_2-Konzentration pro Jahrzehnt:[3]

- in den 50er Jahren um 0,60 ppm/a
- in den 60er Jahren um 0,83 ppm/a
- in den 70er Jahren um 1,28 ppm/a
- in den 80er Jahren um 1,53 ppm/a
- in den 90er Jahren um 1,60 ppm/a

[1] nach Houghton, J.T. et al. (1996): Climate Change 1995. The Science of Climate Change. Cambridge, S. 16
[2] Joos, F. and J.L. Sarmiento (1995): Der Anstieg des atmosphärischen Kohlendioxids, Phys.Bl.51, S. 406
[3] nach Houghton, J.T. et al. (1996): Climate Change 1995. The Science of Climate Change. Cambridge, S. 78

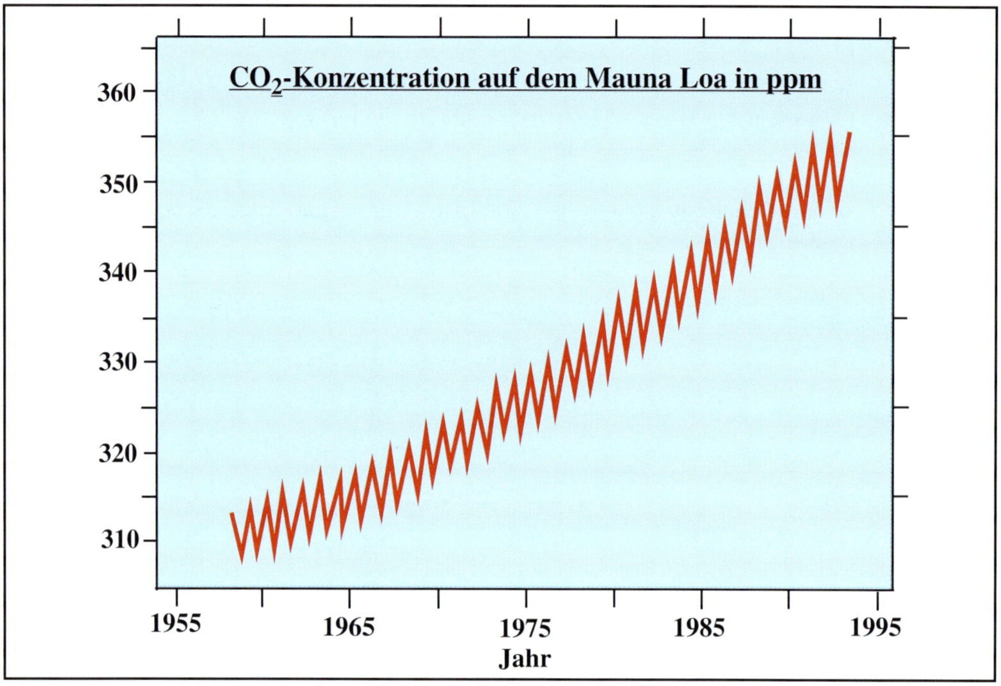

Abb. 5.2: Die Veränderung der CO_2-Konzentration auf dem Mauna Loa/Hawaii
(Quelle: MPI/DKRZ)

Gewachsen ist in diesem Zeitraum auch die Differenz zwischen der Kohlendioxid-Konzentration auf der Nord- und auf der Südhalbkugel. Auf der Nordhalbkugel fallen 95 % der CO_2-Emissionen aus der Verbrennung fossiler Energieträger an. Daher steigt hier der CO_2-Gehalt zuerst und erreicht den entsprechenden Wert auf der Südhalbkugel durch atmosphärische Mischungsprozesse erst nach einigen Monaten. Die in Abb. 5.2 deutlich hervortretenden jahreszeitlichen Schwankungen sind bedingt durch die Heizperiode und vor allem die fehlende Belaubung im Winter der Nordhalbkugel, durch die gegenüber den Sommermonaten mehr Kohlendioxid in die Atmosphäre emittiert und weniger durch die Photosynthese der Pflanzen aus ihr herausgezogen wird.

In der unterschiedlichen Entwicklung der Kohlendioxid-Konzentration auf der Nord- und Südhalbkugel liegt auch ein Beleg für die anthropogene Ursache des zunehmenden CO_2-Gehalts in der Atmosphäre. Ein weiteres Indiz ist die parallele Zunahme von Kohlendioxid-Emission und -Konzentration seit Beginn der Industrialisierung. Der CO_2-Anstieg von 280 auf 365 ppm wurde verursacht durch die Emission von 210 Gt C (1Gt C=1 Milliarde t Kohlenstoff=3,7Gt CO_2) aus der Verbrennung fossiler Energierohstoffe und 110 Gt C durch Abholzungen und andere Landnutzungsänderungen.[1]

Von der Gesamtemission seit Beginn der Industrialisierung ist weniger als die Hälfte in der Atmosphäre verblieben. Der Rest muss von anderen natürlichen Kohlenstoff-Reservoiren aufgenommen worden sein; in Frage kommen nur der Ozean und die Land-Biosphäre

[1] Joos, F. and J.L. Sarmiento (1995): Der Anstieg des atmosphärischen Kohlendioxids, Phys.Bl.51, 406

(vgl. Abb. 5.5). Ozean und Landvegetation waren in dieser Zeit also Senken und nicht Quellen für atmosphärisches CO_2.

Aufgrund der fortgesetzten Emission von Kohlendioxid wird die CO_2-Konzentration in der Atmosphäre auch in Zukunft weiter ansteigen. Der IPCC hat für das 21. Jahrhundert verschiedene Szenarien entworfen, die zeigen, dass nur drastische Einschränkungen der Emissionen eine ökologisch verträgliche Konzentrationszunahme ermöglichen. Im sogenannten „business as usual" („weiter wie bisher")-Szenario (IS92a) liegt der CO_2-Gehalt am Ende des 21. Jahrhunderts doppelt so hoch wie heute. Grundannahmen dieses Szenarios sind eine Bevölkerungszunahme bis zum Jahre 2100 auf 11,3 Milliarden, ein durchschnittliches Wachstum der Weltwirtschaft um jährlich 2,3 % und das Fehlen einschneidender energiepolitischer Maßnahmen. Nur bei einer Bevölkerung von 6,4 Milliarden im Jahre 2100 (1999: 6,0 Mrd.!), einem Wirtschaftswachstum von 1,2 % und einer anderen Energiepolitik mit z.B. einem kWh-Preis von 10 Pfennig für Solarenergie (Szenario IS92d) läge die CO_2-Konzentration im Jahre 2100 bei etwa dem Doppelten des vorindustriellen Wertes von 280 ppmv.

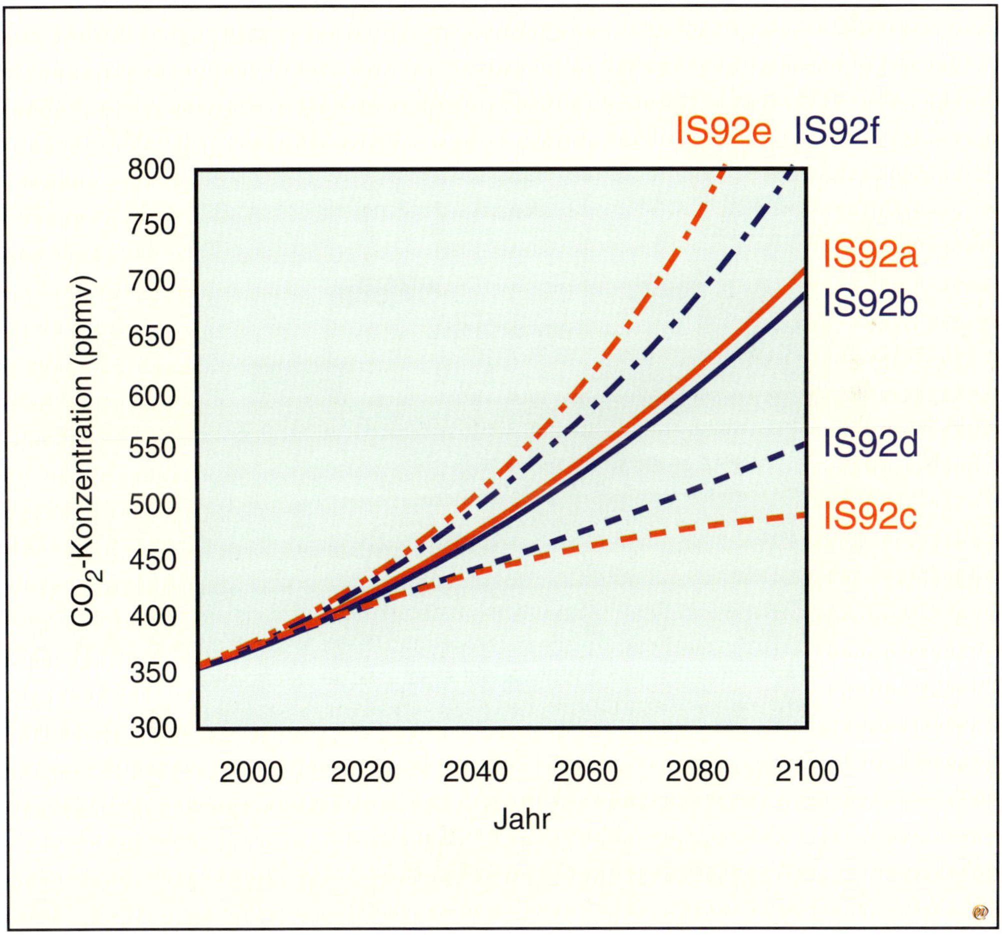

Abb. 5.3: Kohlendioxid-Konzentrationsszenarien (Quelle: MPI/DKRZ)

Der Kohlenstoffkreislauf

Der natürliche Kohlenstoffkreislauf

Kohlenstoff findet sich in der Natur zum einen in drei großen, miteinander im Austausch stehenden Reservoiren:

- in der Atmosphäre
- in der Land-Biosphäre, im Boden und in Verwitterungsmaterial
- im Ozean

Ein viertes Reservoir, die Lagerstätten fossiler Energieträger, war über lange Perioden der Erdgeschichte am Kohlenstoff-Zyklus nicht beteiligt und wurde ihm seit 200 Jahren erst durch den Menschen wieder zugänglich gemacht. Das fünfte und größte Reservoir sind die Meeressedimente und die aus ihnen entstandenen Kalkgebirge, in denen Kohlenstoff im Laufe der Erdgeschichte der Atmosphäre und dem Ozean (mit Ausnahme der Zementproduktion) endgültig entzogen wurde.

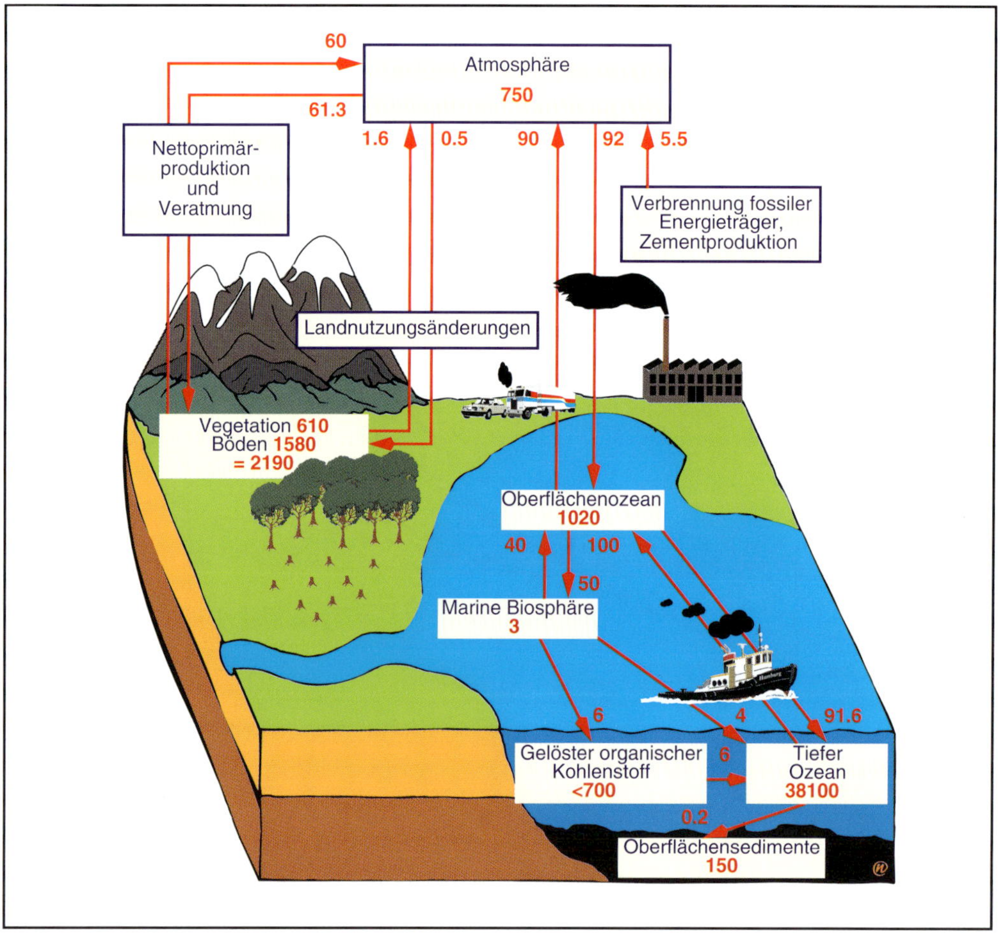

Abb. 5.4: Der Kohlenstoffkreislauf; Werte in Gigatonnen (Quelle: MPI/DKRZ)

Die Atmosphäre ist das kleinste Kohlenstoff-Reservoir. Sie enthält gegenwärtig 750 Gt C; vorindustriell werden 600 Gt C angenommen.[1] Land-Biosphäre, Boden und Verwitterungsgestein enthalten zusammen 2190 Gt C. Das größte der in einem natürlichen Austausch stehenden Reservoire ist der Ozean mit ca. 40 000 Gt C, wovon der mit Abstand größte Teil (38 100 Gt C) sich im mittleren und tiefen Ozean befindet.

Der Kohlenstoff-Austausch zwischen Ozean und Atmosphäre erfolgt durch Gas-Austausch. Er wird durch die Differenz im CO_2-Partialdruck zwischen Ozean und Atmosphäre angetrieben. D.h. bei niedrigerem atmosphärischen CO_2-Druck gast der Ozean Kohlenstoff in die Atmosphäre aus, bei höherem CO_2-Druck in der Atmosphäre wird Kohlendioxid im Oberflächenwasser des Ozeans gelöst. Das im Oberflächenwasser gelöste Kohlendioxid reagiert mit Wasser zu Bicarbonat- und Carbonat-Ionen. Ein geringerer Teil wird durch Photosynthese von der ozeanischen Biosphäre (vom Phytoplankton) aufgenommen.

Die bisher genannten Austauschprozesse vollziehen sich in relativ kurzen Zeitskalen bis maximal einige Jahre. Der Weitertransport von Kohlenstoff von der ozeanischen Deckschicht in tiefere Ozeanschichten braucht dagegen bis zu 1000 Jahre, der Umwälzzeit des Ozeans durch thermohaline Zirkulation. D. h. erst in diesem Zeitraum wäre eine Störung des innerozeanischen Kohlenstoff-Gleichgewichts, z. B. durch zusätzliche CO_2-Aufnahme aus der Atmosphäre, wieder ausgeglichen. Dieser langsame Abwärts-Transport von (CO_2-gesättigtem) Oberflächenwasser begrenzt daher auch die ozeanische Aufnahme-Kapazität von Kohlenstoff aus der Atmosphäre.

Land-Biosphäre und Boden tauschen CO_2 mit der Atmosphäre durch Photosynthese auf der einen, Respiration und Zersetzung auf der anderen Seite aus. Diese Prozesse sind abhängig von klimatischen Faktoren wie Temperatur und Niederschlag, woraus sich u.a. die jahreszeitlichen Schwankungen der CO_2-Konzentration in der Atmosphäre ergeben. Für die Photosynthese spielen auch Düngungseffekte durch Kohlendioxid und Stickstoff eine Rolle.

Der anthropogene Kohlenstoffkreislauf

Die anthropogenen Emissionen von gegenwärtig 7-8 Gt C/a erscheinen gering im Vergleich zu den natürlichen Austauschflüssen von 60 Gt C/a zwischen Land-Biosphäre und Atmosphäre und 90 Gt C/a zwischen Atmosphäre und Ozean und erst recht im Vergleich zu den natürlichen Kohlenstoff-Reservoiren. Sie sind dennoch von großer klimatischer Bedeutung, da sie den ausgeglichenen CO_2-Zyklus der vorindustriellen Zeit erheblich stören und in Zukunft noch stärker abwandeln werden: Die erschließbaren fossilen Brennstoffe werden auf 5000–10 000 Gt C geschätzt[2] – und das ist im Vergleich zu den gesamten bisherigen fossilen Emissionen von 210 Gt C mehr als das Dreißigfache.

Die Störung des natürlichen Kohlenstoff-Kreislaufs ist am sichtbarsten in der Zunahme des atmosphärischen Kohlenstoff-Reservoirs von ca. 600 Gt C vor der Industrialisierung auf 750 Gt C in den 80er Jahren des 20. Jahrhunderts.[3] Dahinter steckt eine sich steigernde anthropogene Gesamtemission von 1 Gt C/a um 1900, 2 Gt C/a um 1940, fast 4 Gt C/a im Jahre

---

1 SIEGENTHALER, U. and J.L. SARMIENTO (1993): Atmospheric carbon dioxide and the ocean, nature 365, S.119

2 JOOS, F. and J.L. SARMIENTO (1995): Der Anstieg des atmosphärischen Kohlendioxids, Phys.Bl.51, S.406

3 SIEGENTHALER, U. and J.L. SARMIENTO (1993): Atmospheric carbon dioxide and the ocean, nature 365, S. 119

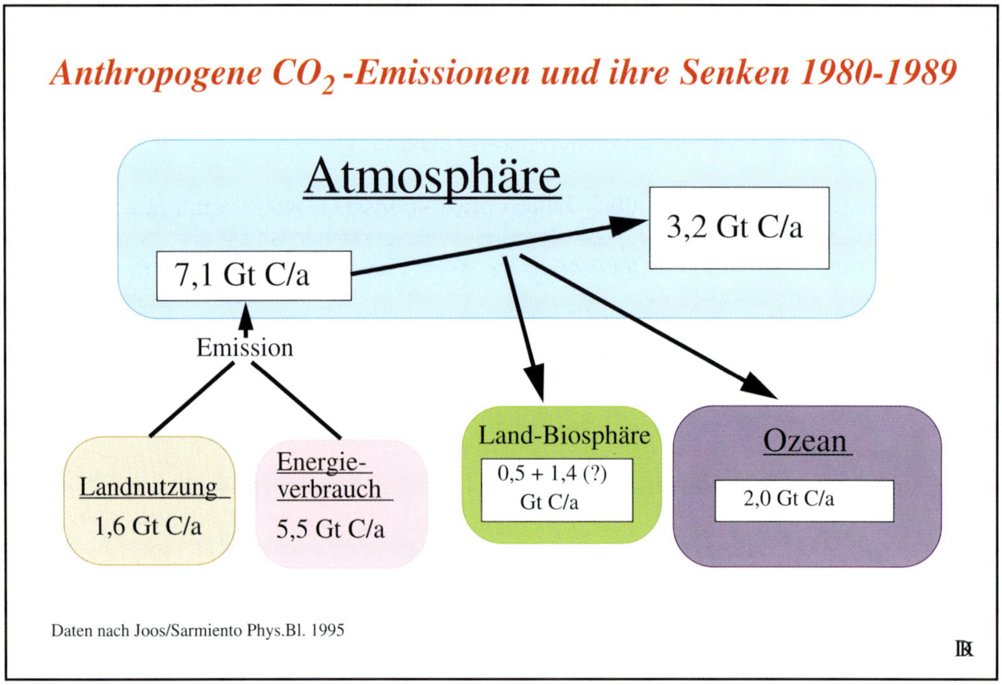

Abb. 5.5: Der anthropogene Kohlenstoffkreislauf
(Quelle: MPI/DKRZ)

1960 auf 7,1 Gt C/a in den 80er Jahren.[1] In den 90er Jahren bewegte sich der Wert auf 8 Gt C/a zu.

Glücklicherweise ist die Atmosphäre nicht die einzige Senke für anthropogene Kohlenstoff-Emissionen. Von den anthropogenen Gesamt-Emissionen seit Beginn der Industrialisierung befinden sich heute noch etwa 43 % in der Atmosphäre; der Rest wurde vom Ozean und der Land-Biosphäre aufgenommen. Ein genaueres Bild der anthropogenen Austauschflüsse zeigen die Werte der 80er Jahre (für die 90er Jahre gibt es noch nicht genügend Daten). 7,1 Gt C wurden zwischen 1980 und 1989 durch menschliche Aktivitäten jährlich in die Atmosphäre emittiert. Davon verblieben jährlich 3,2 Gt C in der Atmosphäre. Die restlichen 3,9 Gt C wurden vom Ozean (2 Gt C) und der Vegetation auf dem Land (1,9 Gt C) aufgenommen (vgl. Abb. 5.5).

Der Ozean enthält zwar 65 mal so viel CO_2 wie die Atmosphäre, kann aber auch langfristig nur 6,5 mal so viel zusätzliches CO_2 aufnehmen. Der Grund liegt darin, dass nur die ozeanische Deckschicht in direktem Austausch mit der Atmosphäre steht und der Weitertransport von Kohlenstoff in den mittleren und tiefen Ozean nur sehr langsam und räumlich sehr begrenzt abläuft. Die Umwälzzeit des tiefen Ozeans beträgt rund 1000 Jahre. D. h. erst in dieser Zeit kommt es zu einer ausreichenden Durchmischung, die ein gestörtes CO_2-Gleichgewicht zwischen Deckschicht und tieferem Ozean wiederherstellt. Die Deckschicht gelangt

[1] Joos, F. and J.L. Sarmiento (1995): Der Anstieg des atmoshpärischen Kohlendioxids, Phys.Bl.51, S.407, Abb. 2

durch Gasaustausch mit der Atmosphäre zwar schon in einigen Jahren zu einem neuen Gleichgewicht. Aufgrund der langsamen Weitergabe der neuen CO_2-Konzentration in die Tiefe des Ozeans befindet sich aber auch nach 20 Jahren immer noch die Hälfte einer bestimmten zusätzlich emittierten Kohlenstoffmenge in der Atmosphäre, nach 100 Jahren noch ein Drittel und selbst nach mehreren Jahrtausenden noch 7 %.[2]

Die Land-Biosphäre hat in den 80er Jahren etwa ebensoviel Kohlenstoff aus der Atmosphäre aufgenommen (1,9 Gt C/a), wie sie durch Waldzerstörung an sie abgegeben hat (1,6 Gt C/a). Allerdings verteilten sich beide Prozesse auf verschiedene Breiten der Erde: Die Kohlenstoff-Freisetzung wurde vor allem durch die Vernichtung der tropischen Wälder verursacht und die Kohlenstoff-Aufnahme durch Wiederaufforstungen und verstärktes Pflanzenwachstum in den mittleren und höheren Breiten der Nordhalbkugel. Das aus Forststatistiken ablesbare Nachwachsen von Wäldern in der Nord-Hemisphäre hat 0,5 Gt C/a absorbiert. Die restlichen 1,4 Gt C/a wurden lange Zeit einer „fehlenden Senke" zugeschrieben. Inzwischen sprechen immer mehr Belege dafür, dass eine Steigerung der biologischen Aktivität auf den großen Landmassen der Nordhalbkugel dafür verantwortlich ist. Die Gründe dafür liegen wahrscheinlich in einem Düngungseffekt durch ein zusätzliches anthropogenes CO_2- und N-Angebot, in höheren Temperaturen, die u.a. die Wachstumszeiten verlängern, und in höheren Niederschlägen in einigen Regionen. Ein Beleg für diese These wird u.a. in der Zunahme der Jahresamplitude des saisonalen CO_2-Zyklus um 20–40 % seit den 60er Jahren gesehen.[3]

5.2. Methan

Der Anstieg der Methan-Konzentration

Mit einer Störung der Strahlungsbilanz von 0,47 W/m² ist Methan nach Kohlendioxid (1,6 W/m²) das zweitwichtigste anthropogene Treibhausgas. Es verursacht ca. 15 % des anthropogenen Treibhauseffektes. Die Methan-Konzentration in der Atmosphäre lag vorindustriell bei 700 ppb (parts per billion) und ist seitdem um 145 % auf 1749 ppb im Jahre 1995 gestiegen. Zwischen 1700 und 1900 lag die jährliche Zunahme der Konzentration bei 1,5 ppb; im 20. Jahrhundert nahm die Wachstumsrate auf 17 ppb/a um 1980 zu. Seitdem hat sich die Zuwachsrate abgeschwächt und ging in der Periode 1983-1990 von 13,3 ppb/a auf 9,5 ppb/a zurück. Ein dramatischer Rückgang war 1992/93 zu verzeichnen, als die Zunahme der Konzentration bei 1,8 ppb/a auf der Nordhalbkugel und bei 7,7 ppb/a auf der Südhalbkugel lag.[4] 1994 lag die Wachstumsrate der Methan-Konzentration allerdings bei 8 ppb/a und damit wieder sehr nahe bei den Werten der 80er Jahre.[5] Nach dem Szenario IS92a („weiter wie bisher") des IPCC wird sich die Methan-Konzentration bis zum Jahre 2100 nochmals verdoppeln.[6]

---

[2] Joos, F. and J.L. Sarmiento (1995): Der Anstieg des atmoshpärischen Kohlendioxids, Phys.Bl.51, S.411

[3] Keeling, R.F. et al. (1996): Global and hemispheric CO_2 sinks deduced from changes in atmospheric O_2 concentration, nature 381, S.123

[4] Daten nach: Zwick, A. (1997): Climate Change Research and Policy: Updates, o.O., S. 20

[5] Houghton, J.T. et al. (1996): Climate Change 1995. The Science of Climate Change,Cambridge, S. 95

[6] Houghton, J.T. et al. (1996): Climate Change 1995. The Science of Climate Change, Cambridge, S. 97

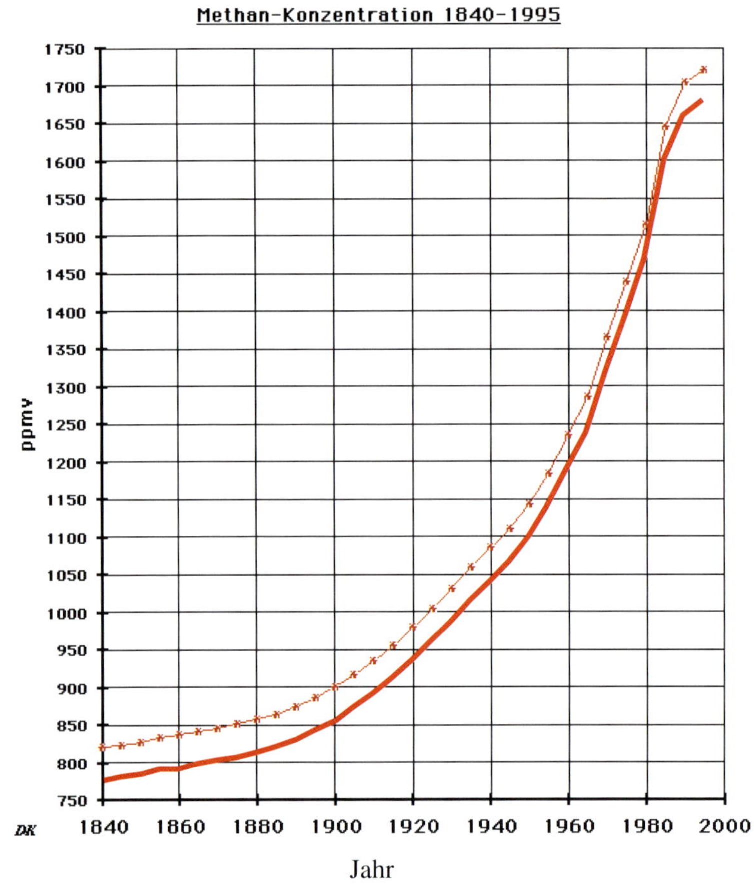

Abb. 5.6: Methan-Konzentration 1840-1995[1]

Methan-Quellen

Methan entsteht durch mikrobielle Prozesse beim Abbau von organischem Material unter strikt anaeroben Bedingungen, d. h. unter Luftabschluss, z. B. in Feuchtgebieten, in Reisfeldern, in Rindermägen oder in Mülldeponien. Außerdem kann es zur Freisetzung von fossilem Methan bei der Förderung von fossilen Brennstoffen kommen, beim Transport von Erdgas, aber auch beim Auftauen z. B. sibirischer Permafrostböden.

Vor Beginn der Industrialisierung waren die wichtigsten natürlichen Methan-Quellen die anaerobe Zersetzung von organischem Material in natürlichen Feuchtgebieten, in Termiten, wilden Tieren und im Ozean. Eiskerndaten der Vergangenheit zeigen eine enge Korrelation zwischen Temperatur und Methan-Konzentration in der Atmosphäre. In Zeiten des Eisrück-

[1] 1840-1975: Antarktis; 1980-1995: Mauna Loa/Hawaii; Daten nach: Trends '93 (1994): A Compendium of Data on Global Change, S.259 u.313, Oak Ridge; HOUGHTON, J.T. et al. (1996): Climate Change 1995, The Science of Climate Change, IPCC Cambridge, S. 87

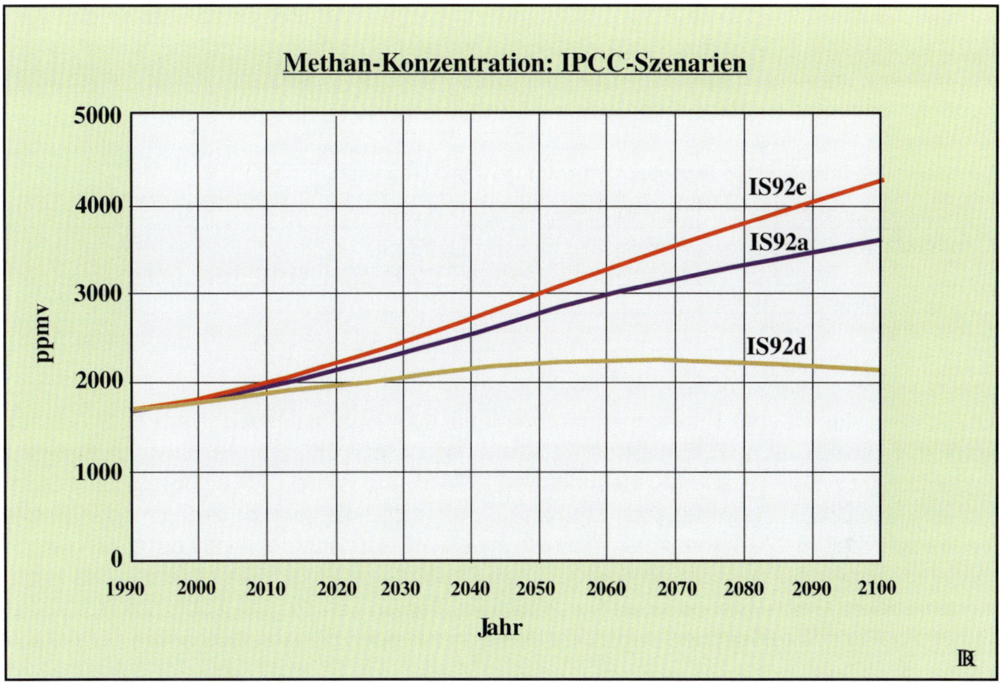

Abb. 5.7: Prognosen der Methan-Konzentration nach den IPCC-Szenarien IS92a („weiter wie bisher"), IS92d und IS92e[2]

zugs am Ende der letzten Kaltzeit stieg auch die Methan-Konzentration an. Wahrscheinlich wurde die Methan-Konzentration in der Vergangenheit hauptsächlich durch die temperaturabhängige Ausdehnung von Feuchtgebieten beeinflusst. Da eine anthropogene Temperaturerhöhung auch zu einer Erweiterung der Feuchtgebiete, besonders in den höheren Breiten, und zu einer stärkeren mikrobiellen Aktivität führt, kann über eine positive Rückkopplung die Methan-Emission noch weiter verstärkt werden.

Individuelle Methan-Quellen sind schwer quantifizierbar. Dennoch lassen sich grobe Abschätzungen geben. Heute sind etwa 60–80 % aller Methan-Emissionen durch den Menschen bedingt. 20 % stammen aus natürlichen Feuchtgebieten.[3] Die anthropogen verursachte Freisetzung von Methan durch Produktion und Gebrauch fossiler Energieträger macht ebenfalls etwa 20 % der gesamten globalen Methan-Emission aus. Durch dieselbe anaerobe Zersetzung wie in Feuchtgebieten kommt es auch zur Entstehung von Methan in Nassreisfeldern, deren Beitrag an den Gesamtemissionen auf 20–150 Tg/a geschätzt wurde.[4] Gegenwärtig beträgt die Fläche der weltweiten Reisfelder $1{,}3 \cdot 10^6$ km^2, wovon 90 %

---

[2] Daten nach: HOUGTHON, J.T. et al. (1996): Climate Change 1995, The Science of Climate Change, Cambridge, S. 98

[3] HOUGHTON, J.T. et al. (1996): Climate Change 1995. The Science of Climate Change, Summary for Policymakers, Cambridge, S. 22

[4] ZWICK, A. (1997): Climate Change Research and Policy: Updates, o.O., S. 25, S. 22

in Asien liegen.[1] Die globale Reisproduktion betrug 1990 518 Mill. t und wird für das Jahr 2020 auf 760 Mill. t geschätzt.[2] Eine weitere bedeutende Quelle in der Landwirtschaft ist die Viehhaltung, deren Beitrag vom IPCC 1992 auf 65–100 Tg/a geschätzt wurde.[3] Auch Mülldeponien sind eine wichtige anthropogene Methan-Quelle.

Tabelle 5.1: Methan-Quellen (Angaben in Tg/a: 1Tg=1 Mill. Tonnen)[4]

natürliche Quellen	Sumpfgebiete, Termiten, Ozean		160
anthropogene Quellen	fossile Energie (Erdöl, Erdgas)	100	
	Biosphäre (Reisfelder, Rinderherden, Mülldeponien)	275	
alle anthropogenen Quellen			375
alle bekannten Quellen			535

Die Quellen der Methan-Emissionen sind regional sehr unterschiedlich verteilt. So stehen etwa im zentralen Japan Reisfelder für 82 % aller japanischen Methan-Emissionen, während in der EU Rinderhaltung und Mülldeponien mit je 30 % und in den USA eindeutig die Mülldeponien die größten anthropogenen Methan-Quellen sind. Methan hat eine atmosphärische Verweilzeit von ca. 12 Jahren und ist deshalb in seiner Konzentration relativ gut durchmischt. Dennoch zeigen sich in Abhängigkeit von den Quellen auch regionale Unterschiede in der Konzentration. Global gibt es einen Nord-Süd-Gradienten von ca. 140 ppbv, da die meisten Quellen auf der Nordhalbkugel liegen. Die Maxima befinden sich mit Ausnahme der Antarktis auf den Kontinenten. Die weltweit höchsten Methan-Werte liegen über Mitteleuropa und der früheren Sowjetunion, wo Haustiere, Mülldeponien, Sümpfe und fossile Emissionen (besonders aus sibirischem Erdgas) die wichtigsten Quellen sind. Die hohen Werte über China und Japan sind durch Reisfelder und in Indien durch die hohe Rinder-Dichte verursacht. In Zentral-Afrika und Südamerika spielen neben tropischen Sumpfgebieten die unvollständige Verbrennung von Biomasse und in Südamerika auch die Viehzucht eine Rolle.[5]

Methan-Senken

Anders als CO_2 ist Methan in der Atmosphäre chemisch abbaubar. Die wichtigste Methan-Senke ist die chemische Reaktion mit dem Hydroxyl-Radikal OH, das hauptsächlich durch die Wirkung von UV-Strahlung auf das troposphärische Ozon entsteht:

$$UV + O_3 \rightarrow O + O_2$$
$$O + H_2O \rightarrow 2\,OH$$

Die Reaktion mit Methan führt zu folgendem Ergebnis:

$$CH_4 + OH \rightarrow CH_3 + H_2O$$

---

1 HEIN, R. u.a. (1997): An inverse modeling approach to investigate the global atmospheric methan cycle, Global Biogeochem. Cycles, 11, 43–76

2 ZWICK, A. (1997): Climate Change Research and Policy: Updates, o.O., S. 25

3 ebd., S. 22 – 1996 macht der IPCC dazu keine Angaben mehr.

4 nach HOUGHTON, J.T. et al. (1996): Climate Change 1995. The Science of Climate Change, Cambridge, S. 94

5 HEIN, R. u.a (1996): An inverse modeling approach to investigate the global atmospheric methan cycle, Global Biogeochem. Cycles, 11, 43–76

Die Reaktion mit OH kann bei steigender Methan-Konzentration die OH-Konzentration in der Atmosphäre verringern und damit in einem positiven Rückkopplungseffekt den Methan-Abbau vermindern.

Pro Jahr werden etwa 400–600 Tg Methan emittiert. Davon werden 490 Tg/a durch die OH-Reaktion, 40 Tg/a durch chemische Reaktion in der Stratosphäre und 30 Tg/a durch mikrobielle Oxydation in Böden abgebaut. 37 Tg/a verbleiben in der Atmosphäre und erhöhen die Konzentration.[6]

Tabelle 5.2: Methan-Senken (Angaben in Tg/a: 1Tg = 1 Mill.Tonnen)[7]

atmosphärische Konzentration			37
Senken für atmosphärisches Methan	troposphärische OH-Reaktion	490	
	Stratosphäre	40	
	Böden	30	
alle atmosphärischen Senken		560	

Der Rückgang der Steigerungsrate der atmosphärischen Methan-Konzentration in den 80er Jahren und besonders 1992/93 kann sowohl durch eine Veränderung der Quellen wie der Senken bedingt sein. So wird als Ursache für die Abnahme der Wachstumsrate in den 80er Jahren einerseits der wirtschaftliche Einbruch in der früheren Sowjetunion und den osteuropäischen Staaten, insbesondere Veränderungen in der sibirischen Erdgasindustrie, angenommen.[8] Andererseits wird auch die Ozon-Zerstörung in der Stratosphäre dafür verantwortlich gemacht, die für eine erhöhte UV-Strahlung und damit für mehr OH-Radikale in der Troposphäre, durch die wiederum mehr Methan abgebaut werden konnte, gesorgt habe. Auch für die starke Abschwächung der Konzentrationssteigerung 1992/93 wird eine stratosphärische Ozon-Zerstörung, und zwar in diesem Fall durch den Ausbruch des Pinatubo, als Ursache vermutet.[9]

5.3. Distickstoffoxid (Lachgas)

Die Störung der Strahlungsbilanz durch Distickstoffoxid (N_2O) seit vorindustrieller Zeit beträgt 0,14 W/m². N_2O ist damit nach CO_2, CH_4 und den FCKW das viertwichtigste langlebige anthropogene Treibhausgas und mit 6 % am menschlich verursachten Treibhauseffekt beteiligt. Auf das Molekül bezogen ist die Treibhauswirkung 220 mal höher als die von CO_2. Das liegt vor allem an der langen atmosphärischen Verweilzeit von ca. 120 Jahren, die darin begründet ist, dass Distickstoffoxid ausschließlich in der Stratosphäre durch Photolyse bzw. durch die Reaktion mit atomarem Sauerstoff abbaubar ist.

[6] Houghton, J.T. et al. (1996): Climate Change 1995. The Science of Climate Change, Cambridge, S. 94

[7] nach Houghton, J.T. et al. (1996): Climate Change 1995. The Science of Climate Change, Cambridge, S. 94

[8] Hein, R. (1996): An inverse modeling approach to investigate the global atmospheric methan cycle, Global Biogeochem. Cycles, 11, 43–76

[9] Zwick, A. (1997): Climate Change Research and Policy: Updates, o.O., S. 24

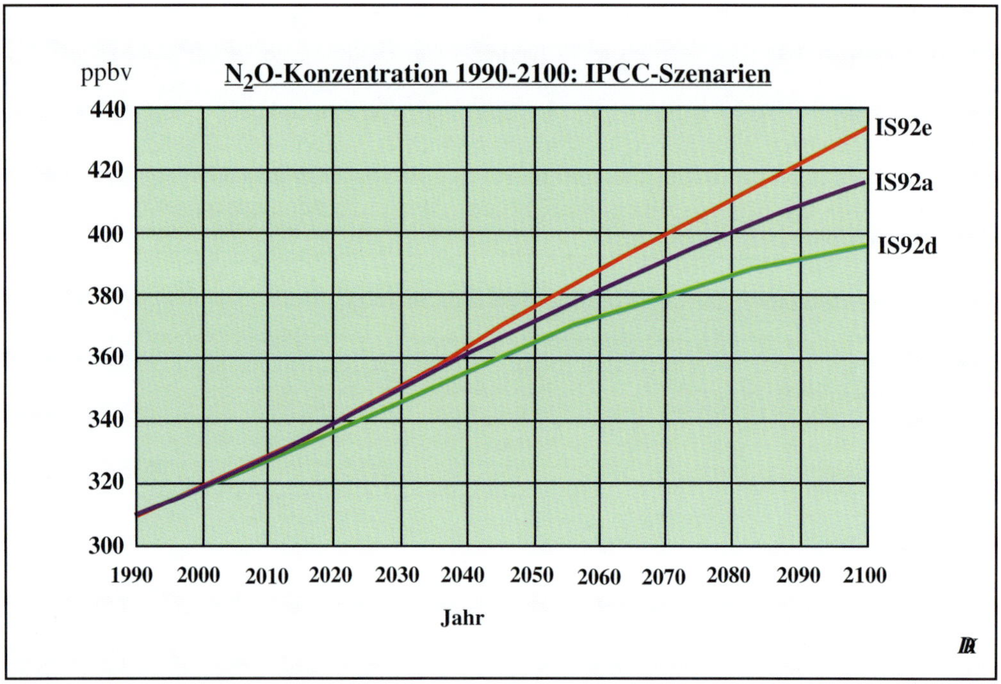

Abb. 5.8: Prognosen der Distickstoffoxid-Konzentration nach den IPCC-Szenarien IS92a („weiter wie bisher"), IS92d und IS92e[1]

Die vorindustrielle atmosphärische Konzentration von N_2O lag bei 275 ppbv. 1994 betrug die Konzentration 312 ppbv[2], was eine Steigerung von 13 % bedeutet. Die lange Verweilzeit von N_2O bewirkt, dass sich Veränderungen in der Emission erst mit hoher zeitlicher Verzögerung auf die Konzentration auswirken. So würde ein Einfrieren der derzeitigen globalen Emissionsrate erst nach 250-300 Jahren zu einer Stabilisierung der Konzentration führen, die bis dahin den doppelten Wert der vorindustriellen Konzentration erreicht hätte.[3]

Die Wachstumsrate der Konzentration betrug in den späten 80er und frühen 90er Jahren jedoch 0,8 ppbv. Und die 1993 beobachteten 0,5 ppbv sind wahrscheinlich eine vorübergehende Erscheinung, verursacht möglicherweise durch den Ausbruch des Pinatubo, der die Boden-Emissionsrate von N_2O verringert haben könnte.

Die Emission von Distickstoffoxid ist nämlich stark abhängig von der Tätigkeit von Bodenbakterien, die bei einer globalen Abkühlung durch den Pinatubo-Ausbruch abgenommen haben könnte. Distickstoffoxid wird im wesentlichen durch die Aktivität von nitrifizierenden und denitrifizierenden Bakterien im Boden sowie in den Ozeanen und in Seen gebildet. Die größte natürliche Quelle sind wahrscheinlich die tropischen Böden. Die anthropogene

---

1 Daten nach HOUGTHON, J.T. et al (1996): Climate Change 1995, The Science of Climate Change, Cambridge, S. 98

2 HOUGHTON, J.T. et. al. (1996): Climate Change 1995. The Science of Climate Change, Summary for Policymakers and Technical, Summary of the Working Group I Report, o.O., S. 22

3 Stand der Klimaforschung. Ein Statusbericht des Wissenschaftlichen Beirates der Bundesregierung, München 1996, S. 68

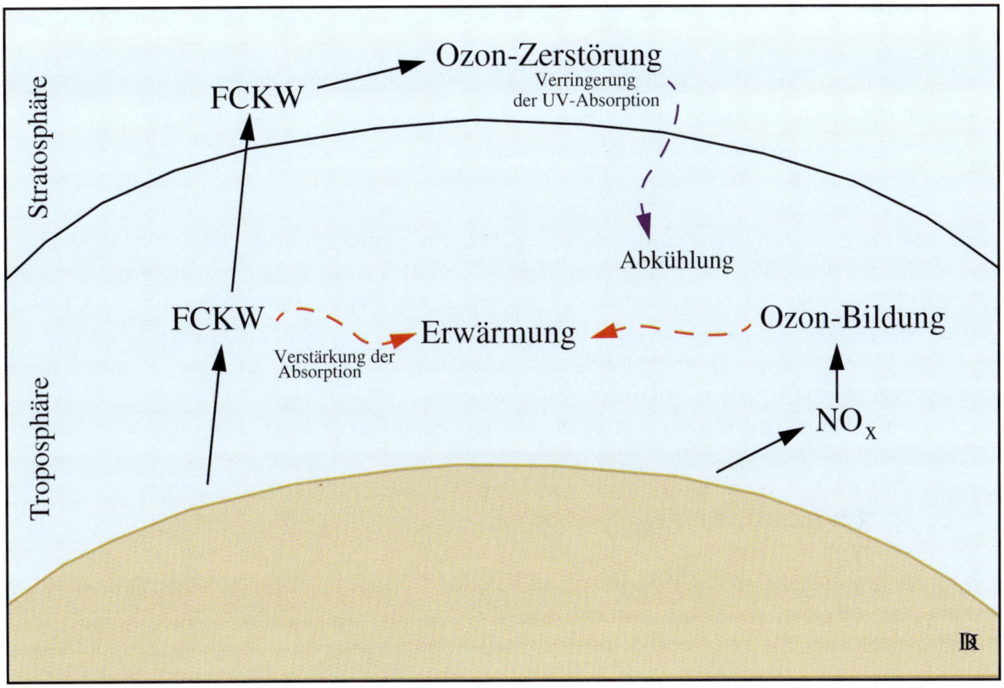

Abb. 5.9: Treibhauswirkung von FCKW und Ozon
(Quelle: MPI/DKRZ)

Hauptquelle von N_2O liegt in Stickstoff-Überschüssen bei der landwirtschaftlichen Düngung, die im Boden mikrobiell umgesetzt und anschließend teilweise in die Luft, u.a. als N_2O, emittiert werden. Auch die zunehmende Verbrennung von Biomasse in den Tropen spielt eine gewisse Rolle.

5.4. FCKW und Ozon

Fluorchlorkohlenwasserstoffe (FCKW) und Ozon (O_3) spielen in der Atmospäre je nach der Höhe ihres Vorkommens eine sehr unterschiedliche Rolle. FCKWs wirken in der Troposphäre (0-12 km Höhe) als Treibhausgas mit einem gegenüber Kohlendioxid tausendfachen Effekt pro Molekül und zerstören in der Stratosphäre (12–50 km Höhe) das lebenswichtige Ozon. Ozon absorbiert in der Stratosphäre einen erheblichen Teil der solaren UV-B-Strahlung, die für die Zellen von Tieren und Pflanzen schädlich ist und beim Menschen z. B. Hautkrebserkrankungen hervorrufen kann. In der Troposphäre kann das hier in geringerem Maße und ungleich verteilt vorkommende Ozon den sogenannten Sommersmog auslösen, der sich ebenfalls negativ auf die menschliche Gesundheit auswirkt, und hier ist es zugleich ein Treibhausgas.

Die Treibhauswirkung von FCKW und Ozon

Fluorchlorkohlenwasserstoffe sind im Gegensatz zu allen anderen Treibhausgasen ausschließlich anthropogenen Ursprungs. Sie sind von Chemikern künstlich hergestellte Stoffe, die seit den 30er Jahren in der Industrie eine vielfältige Verwendung finden. Als Treibgas werden sie in Sprühdosen und zum Aufblähen von Schäumen benutzt, als Kühlmittel werden sie in Eisschränken, Kühltruhen und Klimaanlagen eingesetzt und als Reinigungsmittel für Textilien und die empfindlichen Teile in der elektronischen Industrie verwendet. Für den technischen Gebrauch besitzen FCKWs ausgezeichnete Eigenschaften: Sie sind unbrennbar, ungiftig und chemisch inert, d.h. sie gehen keine Reaktionen mit anderen Stoffen ein. Das bedeutet aber auch, dass sie, einmal freigesetzt, sehr lange in der Atmosphäre verbleiben und nicht wie etwa Methan durch chemische Reaktionen zerstört werden. So besitzen die beiden wichtigsten FCKWs F11 ($CFCl_3$) und F12 (CF_2Cl_2) eine atmosphärische Verweilzeit von 50 bzw. 102 Jahren. Da sie außerdem ein Treibhauspotential (Treibhauswirkung pro Molekül gegenüber einem CO_2-Molekül) von 5000 bzw. 7900 in den ersten 20 Jahren aufweisen, ist ihr Beitrag am anthropogenen Treibhauseffekt im Vergleich zu ihrer geringen Konzentration von einigen Hundert pptv relativ hoch. FCKWs wirken jedoch nicht nur treibhausfördernd, sondern durch die Zerstörung von stratosphärischem Ozon auch in geringem Maße abkühlend. Während die gesamte Störung des Strahlungsantriebs durch FCKWs seit vorindustrieller Zeit mit 0,3 W/m^2 angegeben wird[1], beträgt der negative Strahlungsantrieb durch den stratosphärischen Ozon-Abbau -0,1 W/m^2.

Die lange Verweilzeit von FCKW-Molekülen in der Troposhäre bewirkt eine gleichmäßige Verteilung rund um den Globus. Seit etwa 1940 hat die atmosphärische Konzentration deutlich zugenommen. Sie zeigte 1981 bei dem vollhalogenierten Kohlenwassserstoff F11 einen Wert von 160 pptv (parts per trillion = 10^{12} by volume), der 1993 mit 260 pptv seinen Höhepunkt[2] erreichte und seitdem leicht abnimmt. Die Ursache für diese Trendwende liegt in dem auf die stratosphärische Ozon-Zerstörung reagierenden Montrealer Protokoll von 1987 und seinen Verschärfungen in London und Kopenhagen 1990 und 1992, durch die eine deutliche Verringerung der Emissionsraten bei den beiden wichtigsten Fluorchlorkohlenwasserstoffen F11 und F12 erreicht werden konnte. Allerdings nimmt die Konzentration der FCKW-Ersatzstoffe, besonders der teilhalogenierten Verbindungen (HFCKW) und der perfluorierten Kohlenwasserstoffe (PFKW), stark zu. Während F11 und F12 jedoch eine atmosphärische Verweilzeit von 50 bzw. 102 Jahren und ein Treibhauspotential von 5000 bzw. 7900 (gegenüber Kohlendioxid) in den ersten 20 Jahren besitzen, sind beide Faktoren bei den FCKW-Ersatzstoffen deutlich geringer, das Treibhauspotential ist aber immer noch viel höher als bei Kohlendioxid.

Auch das troposphärische Ozon ist ein Treibhausgas. Es unterscheidet sich von den anderen Treibhausgasen jedoch dadurch, dass es erstens nicht emittiert wird und dass es zweitens aufgrund seiner kurzen Verweilzeit von nur einigen Tagen sehr ungleichmäßig verteilt ist. Das troposphärische Ozon entstammt zwei Quellen. Es wird einerseits aus der ozonreichen Stratosphäre in die Troposphäre durch Luftströmungen transportiert, worin die wichtigste natürliche Quelle liegt, und es entsteht andererseits durch photochemische Umwandlung von Ozon-Vorläufersubstanzen wie vor allem Stickstoffoxiden. Es wird abgebaut durch ultraviolette Photolyse und die Reaktion mit HO_2- und OH-Radikalen. Da die Ausgangsstoffe des Ozons in den letzten Jahrzehnten vor allem durch Industrie- und Verkehrsemissionen

---

[1] Daten nach Hougthon, J.T. et al (1996): Climate Change 1995, The Science of Climate Change, Cambridge, S. 117 f.

[2] ebd., S. 88

entstehen, ist ein deutlicher Unterschied zwischen der Ozon-Konzentration auf der Nord- und der Südhalbkugel festzustellen. Die Werte der Südhemisphäre liegen bei 10–30 ppb und zeigen keine nachweisbare Veränderung. In den mittleren Breiten der Nordhalbkugel wird in den letzten 20 bis 30 Jahren dagegen eine Zunahme um 15-20 ppb beobachtet und gegenüber vorindustriellen Zeiten eine Erhöhung der Konzentration um das Drei- bis Vierfache angenommen.[3]

Nach Modellrechnungen betrug der gesamte troposphärische Ozon-Gehalt in der vorindustriellen Atmosphäre 190 Tg O_3, wovon 110 Tg O_3 aus der Stratosphäre stammten. In gegenwärtigen Modell-Simulationen ist der Ozon-Gehalt um etwa 80 Tg O_3 höher, bedingt hauptsächlich durch die industriellen Ausgangssubstanzen auf der Nordhalbkugel und durch die Vorläufersubstanzen aus der Verbrennung von Biomasse in tropischen Regionen. Für die nächsten zwei bis drei Jahrzehnte wird mit einer Erhöhung um weitere 60 Tg O_3 gerechnet. Der gegenwärtige Beitrag zum anthropogenen Treibhauseffekt wird mit 0,42 W/m^2, der zusätzliche für die nächsten 20–30 Jahre mit 0,31 W/m^2 berechnet.[4]

Ozon-Zerstörung in der Stratosphäre

Bedeutung und Verteilung von stratosphärischem Ozon

Das Ozon in der Stratosphäre hat für das Leben auf der Erde eine elementare Bedeutung. Es verhindert, dass die harte und sehr energiereiche UV-B-Strahlung der Sonne (im Wellenlängenbereich zwischen 280 und 320 nm), die die Zerstörung von Biomolekülen wie DNA und Proteinen bewirken kann, ungehindert in die Atmosphäre dringt. Gefährdet durch UV-B sind besonders Pflanzen und der Mensch, während viele Tiere durch Felle und Federn sowie eine nächtliche und verborgene Lebensweise geschützt sind. Das Leben im Ozean ist je nach Tiefe und Wassertrübung betroffen. Im offenen Ozean, der normalerweise nur eine geringe Trübung aufweist, kann die UV-B-Strahlung bis in eine Tiefe von 20 m vordringen. In Küstennähe ist die Eindringtiefe dagegen wegen des stärkeren Stoffeintrags wesentlich geringer. Besonders gefährdet ist im Meer das empfindliche Phytoplankton, das in aquatischen Ökosystemen die Grundlage der Nahrungskette bildet. Der Lebensraum des Phytoplanktons befindet sich nahe der Wasseroberfläche, wo noch ausreichend sichtbares Licht zur Photosynthese zur Verfügung steht.

Aufgrund der Absorption der UV-B-Strahlung hat das stratosphärische Ozon auch einen wichtigen Einfluss auf die vertikale Temperaturverteilung. Während in der Troposphäre die Temperatur von 15 °C am Boden auf –50 °C an der Grenzschicht zur Stratosphäre, der Tropopause, abnimmt, bewirkt das vom Ozon absorbierte UV-B, im unteren Bereich aber auch die Absorption von sichtbarem Licht und der Infrarotstrahlung, eine deutliche Erwärmung bis zu 0 °C in 50 km Höhe. Die Folge ist die Begrenzung vertikaler Luftbewegungen im wesentlichen auf die Troposphäre (s. Abb. 4.3).

---

[3] SEILER, W. und J. HAHN (1998): Der natürliche und anthropogene Treibhauseffekt - Veränderung der chemischen Zusammensetzung der Atmosphäre durch menschliche Aktivitäten. In: LOZAN, J.L. u.a. (Hrsg.): Warnsignal Klima. Wissenschaftliche Fakten, Hamburg, S. 117

[4] ROELOFS, G.-J. et al. (1998): Model Simulations of the Changing Distribution of Ozone and its Radiative Forcing of Climate: Past, Present and Future, Max-Planck-Institut für Meteorologie, Report No.283, S. 1

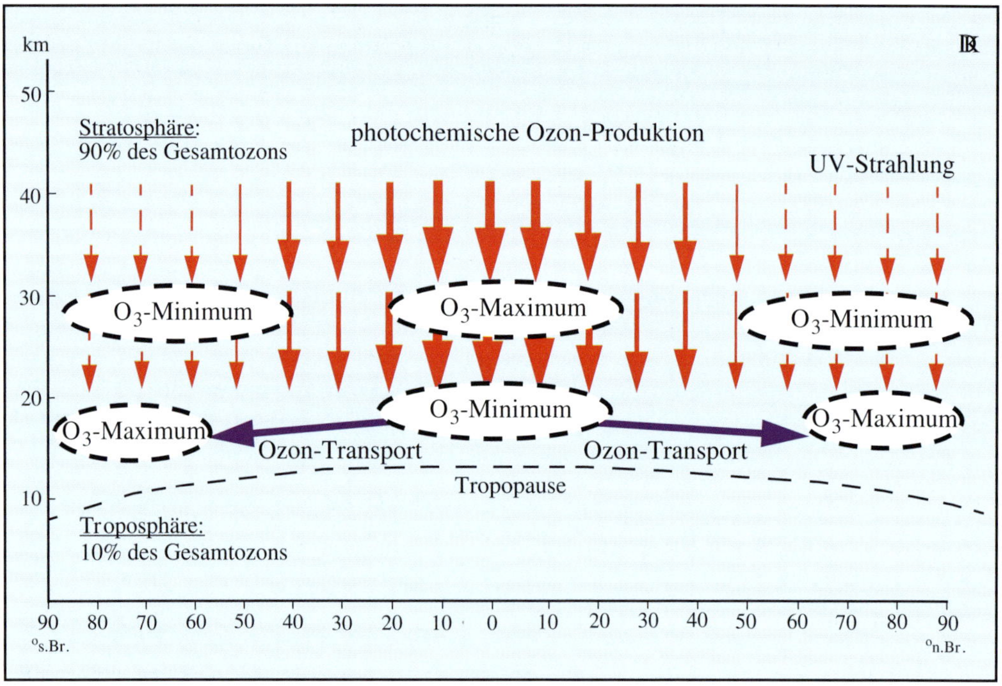

Abb. 5.10: Ozon-Produktion, -Transport und -Verteilung
(Quelle: MPI/DKRZ)

Die vertikale Ozon-Verteilung in der Atmosphäre ist sehr ungleich. Nur 10 % des Ozons befinden sich in der Troposphäre, 90 % dagegen in der Stratosphäre, d.h. in einer Höhe von 12 bis 50 km. 75 % der gesamten Ozonmenge sind dabei allein auf den Höhenbereich 15–30 km konzentriert. Aber auch horizontal ist die Ozon-Verteilung zwischen dem Äquator und den Polen sehr unterschiedlich. Verantwortlich für die horizontale Ozon-Verteilung sind sowohl Strahlungsvorgänge wie dynamische Prozesse. Während die Hauptmenge des Ozons aufgrund der höheren Sonneneinstrahlung beiderseits des Äquators gebildet wird, findet sich die höchste Konzentration aufgrund von Luftströmungstransporten in der unteren Stratosphäre auf der Nordhalbkugel in höheren und auf der Südhalbkugel in mittleren Breiten. Sie unterliegt zugleich jahreszeitlichen Schwankungen und zeigt auf der Nordhalbkugel Höchstwerte von über 440 DU im Nordfrühjahr zwischen 60° und 90° n.Br. und im Südfrühling von über 360 DU bei 60° s.Br., während beiderseits des Äquartors nur ca. 280 DU zu finden sind.[1]

Natürliche Ozonchemie

Ozon bildet sich in der Stratosphäre durch die Reaktion von atomarem und molekularem Sauerstoff:

$$O + O_2 + M \rightarrow O_3 + M$$

[1] 100 DU (Dobson Units) entsprechen 1 mm Höhe reines Ozon bei Bodendruck (1013 hPa).

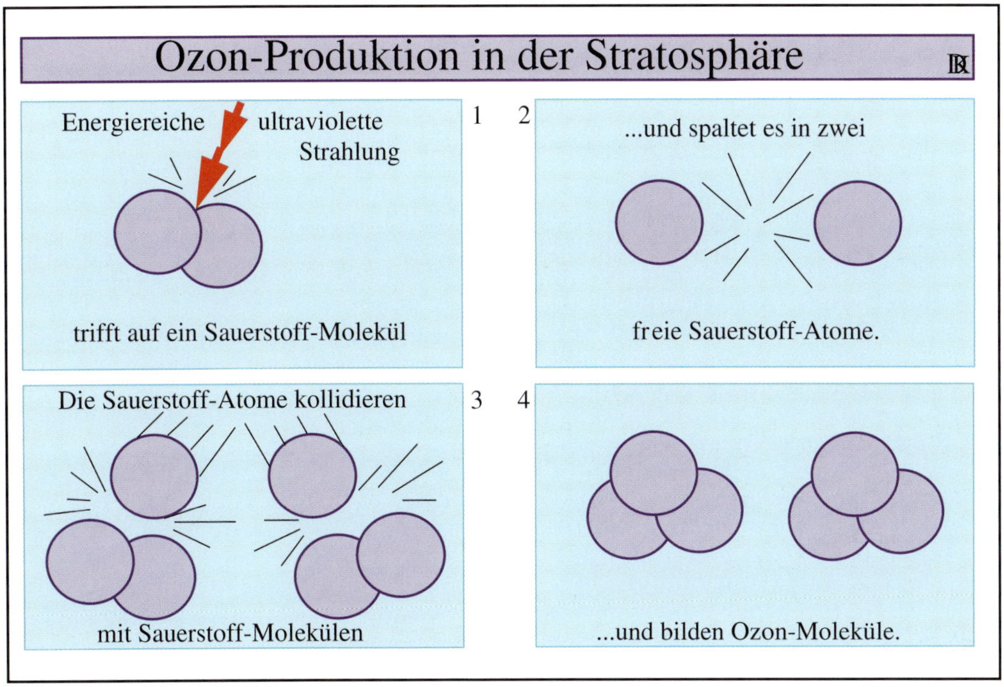

Abb. 5.11: Photochemische Ozon-Bildung
(Quelle: MPI/DKRZ)

M steht dabei für ein beliebiges Molekül, das als Stoßpartner dient. Der atomare Sauerstoff O entsteht in der Stratosphäre vor allem über den Tropen durch Photolyse von molekularem Sauerstoff durch ultraviolette Strahlung (*hv*) bei Wellenlängen unter 243 nm:

$$O_2 + hv \rightarrow O + O$$

Bei Höhen unter 20 km entsteht atomarer Sauerstoff auch durch Photodissoziation von NO_2 (Stickstoffdioxid):

$$NO_2 + hv \rightarrow NO + O$$

Da bei ca. 25 km Höhe ein optimales Verhältnis zwischen Sauerstoffkonzentration und Intensität der UV-Strahlung herrscht, liegt hier das Maximum der Ozon-Produktion.

Der Ozon-Bildung wirken Prozesse der Ozon-Zerstörung entgegen, so dass von Natur aus ein Gleichgewicht zwischen beiden Vorgängen herrscht. Ozon wird auf natürlichem Wege einmal durch Photolyse (den sog. Chapman-Prozess) und zum anderen durch chemische Prozesse zerstört. Bei der Photodissoziation durch UV- und sichtbares Licht entstehen aus Ozon molekularer und atomarer Sauerstoff:

$$O_3 + hv \rightarrow O_2 + O$$

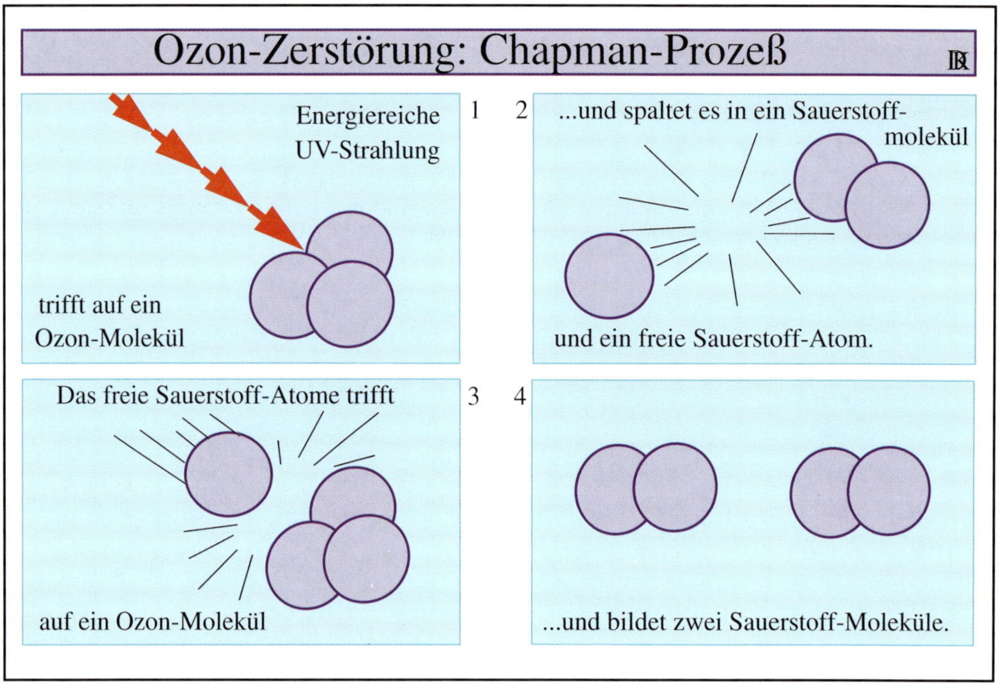

Abb. 5.12: Photochemische Ozon-Zerstörung
(Quelle: MPI/DKRZ)

Der atomare Sauerstoff reagiert mit Ozon zu molekularem Sauerstoff:

$$O_3 + O \rightarrow O_2 + O_2$$

Zum anderen spielen katalytische Prozesse eine wesentliche Rolle. Bei katalytischen Reaktionen bleiben die beteiligten Spurengase, die die Ozon-Zerstörung hervorrufen, unverändert und können daher in immer wieder neuen Reaktionen eine größere Menge an Ozon zerstören. Katalytische Zyklen laufen nach folgendem Muster ab (wobei X für den Katalysator steht):

$$X + O_3 \rightarrow XO + O_2$$

$$XO + O \rightarrow X + O_2$$

Als Katalysator dienen Abbauprodukte langlebiger, reaktionsträger Spurengase wie Lachgas (N_2O), Methan (CH_4), Methylchlorid (CH_3Cl) u.a., die in der Troposphäre freigesetzt werden, durch Luftströmungen in die Stratosphäre gelangen und dort durch ultraviolette Strahlung und chemische Reaktionen abgebaut werden. Die so entstehenden katalytisch wirksamen Radikale (H, OH, NO, Cl, Br) bestimmen entscheidend das Vorkommen und die Verteilung von Ozon in der Stratosphäre. Das für die Ozon-Zerstörung wichtigste dieser Radikale ist das Stickoxid NO, das in der Stratosphäre unter Einwirkung von Sonnenlicht aus Lachgas entsteht.

Anthropogene Ozonchemie

Das natürliche Gleichgewicht zwischen Ozonbildung und Ozon-Abbau wird seit Ende der 70er Jahre zunehmend durch anthropogene Einflüsse gestört. Die wichtigste Ursache der anthropogenen Ozon-Zerstörung sind die Fluorchlorkohlenwasserstoffe (FCKWs). Die in die Stratosphäre gelangten FCKWs werden durch Einwirkung von UV-Strahlung dissoziiert, wobei Chlor (Cl) freigesetzt wird. Dadurch hat sich die Konzentration von Chlor, das auf natürlichem Wege in der Stratosphäre nur durch den Abbau von Methylchlorid entsteht, um etwa das Sechsfache erhöht. Chlor geht als Katalysator mit Ozon die folgende Reaktion ein:

$$Cl + O_3 \rightarrow ClO + O_2$$
$$ClO + O \rightarrow Cl + O_2$$

Das aus diesem Prozess unverändert hervorgehende einzelne Chlor-Atom kann bis zu 10 000 Ozon-Moleküle zerstören.

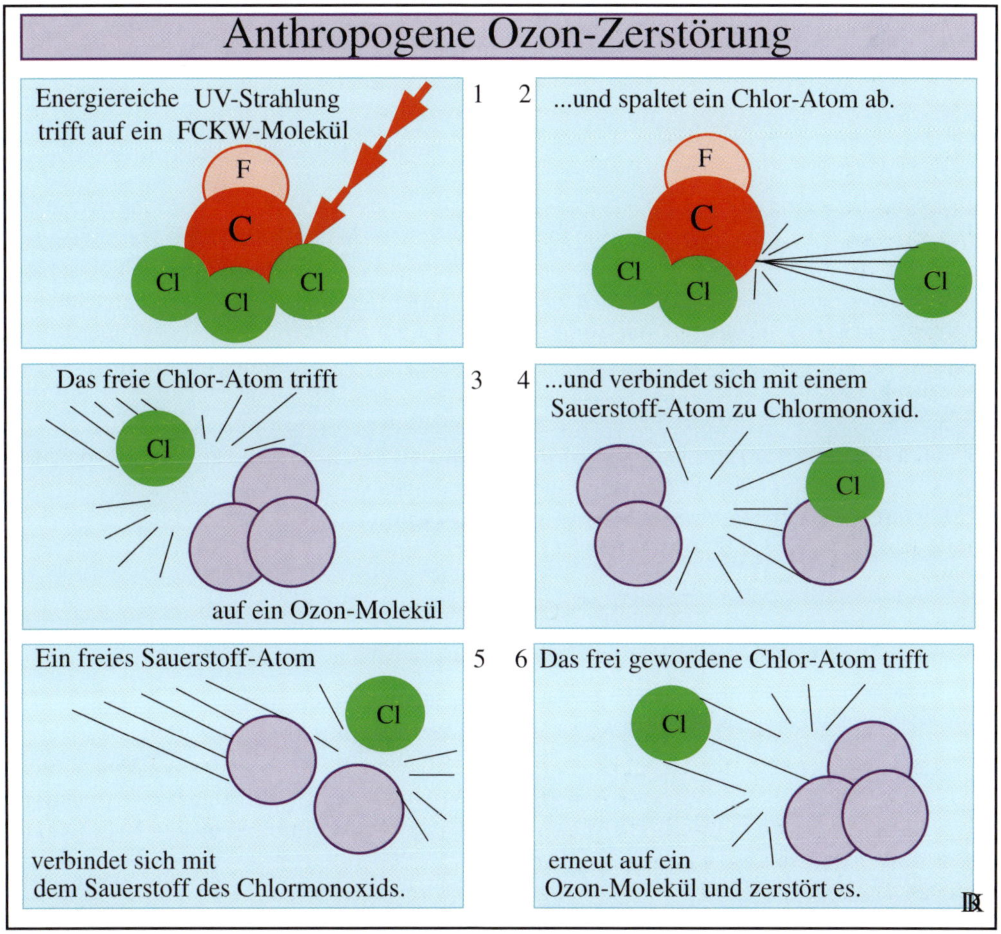

Abb. 5.13: Ozon-Zerstörung durch FCKW
(Quelle: MPI/DKRZ)

Einige chemische Prozesse wirken der Ozon-Zerstörung durch Chlor entgegen:

1. Die sog. „Methan-Bremse“: Durch die Reaktion mit Methan ($Cl + CH_4 \rightarrow HClCH_3$) wird Chlor unter Bildung von Salzsäure (HCl), die in die Troposphäre absinkt und dort ausgewaschen wird, aus der Stratosphäre entfernt. Diese Reaktion sorgt für den Hauptverlust von Chlor aus der Stratosphäre.
2. Die sog. „Stickstoffbremse“: Durch die Reaktion mit Stickstoffdioxid wird Chlormonoxid temporär in das “Reservoirmolekül” Chlornitrat ($ClONO_2$) eingebunden: $ClO + NO_2 + M \rightarrow ClONO_2 + M$.
3. ClO kann statt mit einem Sauerstoffatom auch mit Stickstoffmonoxid (NO), das sich in der Stratosphäre aus Distickstoffoxid (N_2O) bildet, reagieren: $ClO + NO \rightarrow Cl + NO_2$. Durch Photolyse entstehen dann aus NO_2 Sauerstoffatome, die für eine neue Ozonbildung zur Verfügung stehen.

Die Entstehung des Ozonlochs

Die stärkste durch den Menschen verursachte Ozon-Zerstörung findet sich seit den 70er Jahren über den Polargebieten, vor allem bei der Ausbildung des sog. „Ozonlochs“ im Südfrühling über der Antarktis. Die Ursache liegt in den besonderen meteorologischen Bedingungen in Polarregionen, durch die die chemischen Reaktionen, die die Ozon-Zerstörung durch anthropogenes Chlor normalerweise hemmen, weitgehend außer Kraft gesetzt werden.

Der wichtigste meteorologische Faktor ist die starke Temperaturabnahme über den Polen durch die lange Abwesenheit der Sonnenstrahlung im jeweiligen Polarwinter. Durch das Absinken der sich abkühlenden Luftmassen bildet sich ein Luftmassen-Wirbel mit zyklonaler zirkumpolarer Umströmung aus, der die kalte Luft über den Polen einschließt und das Eindringen wärmerer und ozonreicher Luftmassen aus niederen Breiten verhindert. Dieser Polarwirbel ist aufgrund der geschlossenen Landmasse der Antarktis in der Südpolarregion stärker und geschlossener ausgebildet als über dem ozeanischen Nordpol, wo er die Tendenz zeigt, sich in einzelne Zellen aufzulösen. Durch die niedrigen Temperaturen von –80 °C und darunter kommt es in der Stratosphäre über der Antarktis zur Bildung von pola-

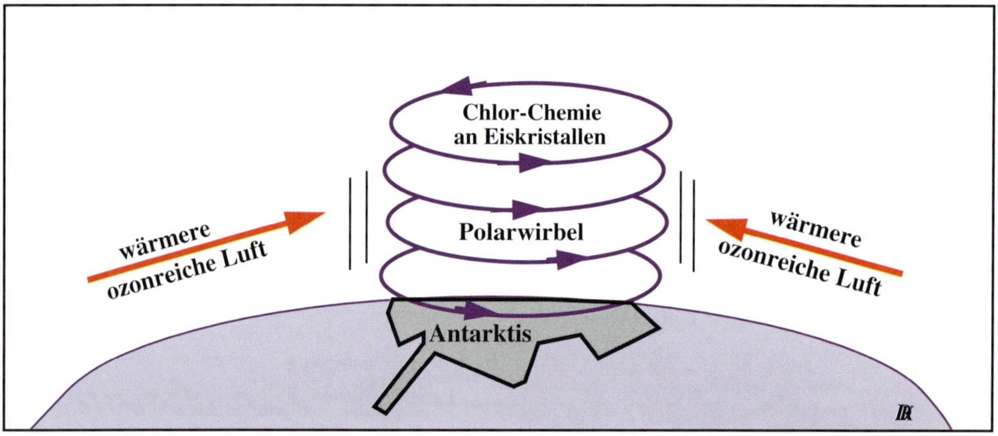

Abb. 5.14: Der Antarktische Polarwirbel
(Quelle: MPI/DKRZ)

ren Eiswolken (PSC = Polar Stratospheric Clouds) direkt aus dem Wasserdampf der Atmosphäre. Mit den Eiskristallen dieser Wolken können nun die Reservoirmoleküle HCl und $ClONO_2$ reagieren. Dabei wird HCl an der Oberfläche von Eiskristallen gebunden und reagiert mit dem Reservoirmolekül $ClONO_2$ in einer Weise, bei der molekulares Chlor (Cl_2) frei wird.

$$ClONO_2 + HCl\,(Eis) \rightarrow Cl_2 + HNO_3\,(Eis)$$

Wichtig ist hierbei neben der Freisetzung von Chlor auch der Entzug von Stickoxiden aus der freien Atmosphäre. Nach dem Ende der Polarnacht, über der Antarktis im September und Oktober, wird das molekulare Chlor durch die ultraviolette Strahlung der ersten Sonnenstrahlen photolysiert:

$$Cl_2 + h\nu \rightarrow Cl + Cl$$

Die Chloratome, die ursprünglich in den Salzsäure- und Chlornitrat-Molekülen gebunden waren, stehen nun für die Reaktion mit Ozon zur Verfügung. Dabei entstehen zusätzlich große Konzentrationen von Chlormonoxid, das durch das weitgehende Fehlen von Stickoxiden nicht in das Reservoirmolekül $ClONO_2$ eingebunden wird und sehr effektiv in katalytischen Zyklen den Ozon-Abbau vorantreibt:

$$ClO + ClO \rightarrow Cl_2O_2$$
$$Cl_2O_2 + h\nu \rightarrow 2Cl + O_2$$
$$Cl + O_3 \rightarrow ClO + O_2 \quad (2\,x)$$

Die Ozon-Zerstörung schreitet solange ungehindert voran, bis die stärker werdende Sonnenstrahlung die PSCs auflöst und gegen Ende des polaren Frühlings die die Ozon-Zerstörung hemmenden Reaktionen wieder zur Geltung kommen. Hinzu kommt, dass mit weiter steigenden Temperaturen auch der Polarwirbel zusammenbricht und ozonreiche Luft aus niederen Breiten einströmen kann. Das sogenannte Ozonloch über der Antarktis wird dann wieder abgebaut. Über dem Nordpol war aufgrund der anderen meteorologischen Bedingungen der Ozon-Abbau lange Zeit nicht so weit vorangeschritten, dass ein „Ozonloch" entstand. Im Frühjahr 1996 erreichten jedoch auch hier die Ozonverluste das Ausmaß derjenigen der Antarktis im Jahre 1985, so dass jetzt auch von einem Ozonloch über der Arktis gesprochen werden kann.[1]

Neben Chlor ist an der Zerstörung des stratosphärischen Ozons auch Brom beteiligt, das einerseits beim Abbau natürlicher Bromverbindungen (Methylbromid: CH_3Br) entsteht, zum überwiegenden Teil aber aus industriell erzeugten Halonen ($CBrClF_2$, $CBrF_3$), die u. a. in Feuerlöschern verwendet werden, stammt. Methylbromid und Halone werden ähnlich wie FCKWs durch UV-Photolyse in der Stratosphäre abgebaut, wodurch Brom frei wird, mit Sauerstoff reagiert und in einem sehr effektiven katalytischen Zyklus Ozon zerstört. Dabei besitzt Brom sogar eine höhere Effizienz bei der Ozon-Zerstörung als Chlor, kommt aber gegenwärtig in wesentlich geringeren Mengen vor.

---

[1] WAHNER, A. (1998): Ozonrückgang in der Stratosphäre; in: LOZAN, J.L. u.a. (Hrsg.): Warnsignal Klima. Wissenschaftliche Fakten, Hamburg, S. 137

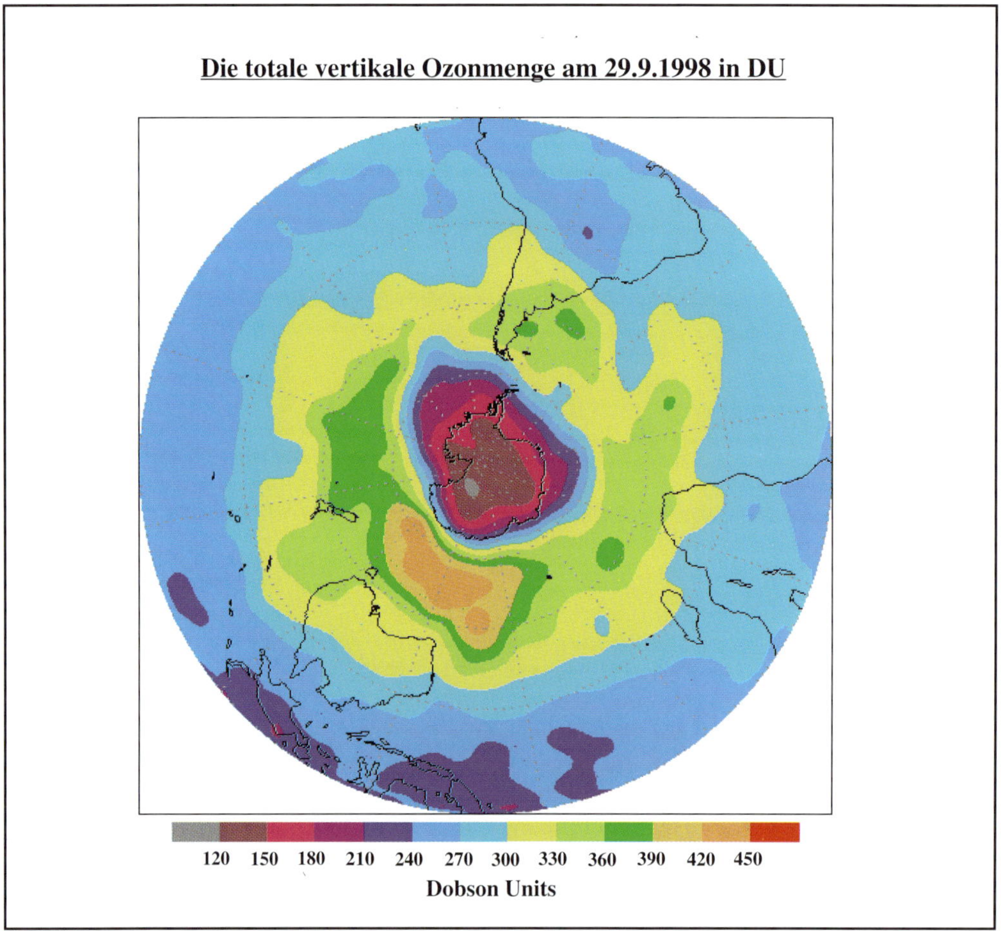

Abb. 5.15: Das Ozonloch 1998[1]

Beobachtungen zur Ozon-Zerstörung

Eine deutliche Abnahme des Ozons über der Antarktis in den Monaten September und Oktober gibt es seit Mitte der 70er Jahre, auch wenn man erst seit 1985 von einem Ozonloch spricht, da die Satellitendaten zunächst als Fehler interpretiert wurden. „Ozonloch" bedeutet jedoch keine völlig ozonfreie Atmosphäre, sondern nur eine starke Abnahme der Gesamtozonmenge. Von einem „Ozonloch" über der Antarktis wird in der Regel gesprochen, wenn die vertikal integrierte Ozonmenge, die im Südfrühling in den 60er Jahren bei ca. 320 DU lag, auf unter 220 DU absinkt.[2]

---

1 Quelle: NASA-Meßgerät TOMS; nach: Gerndt, R.: Das Ozonloch über dem Südpol im Herbst 1998, Internet:http:// www.hagen.de/OZON/hole_98.htm

2 Thomas, P. (1994): Zu wenig Ozon in der Stratosphäre; in: Praxis der Naturwissenschaften – Chemie, 4/43, S. 10

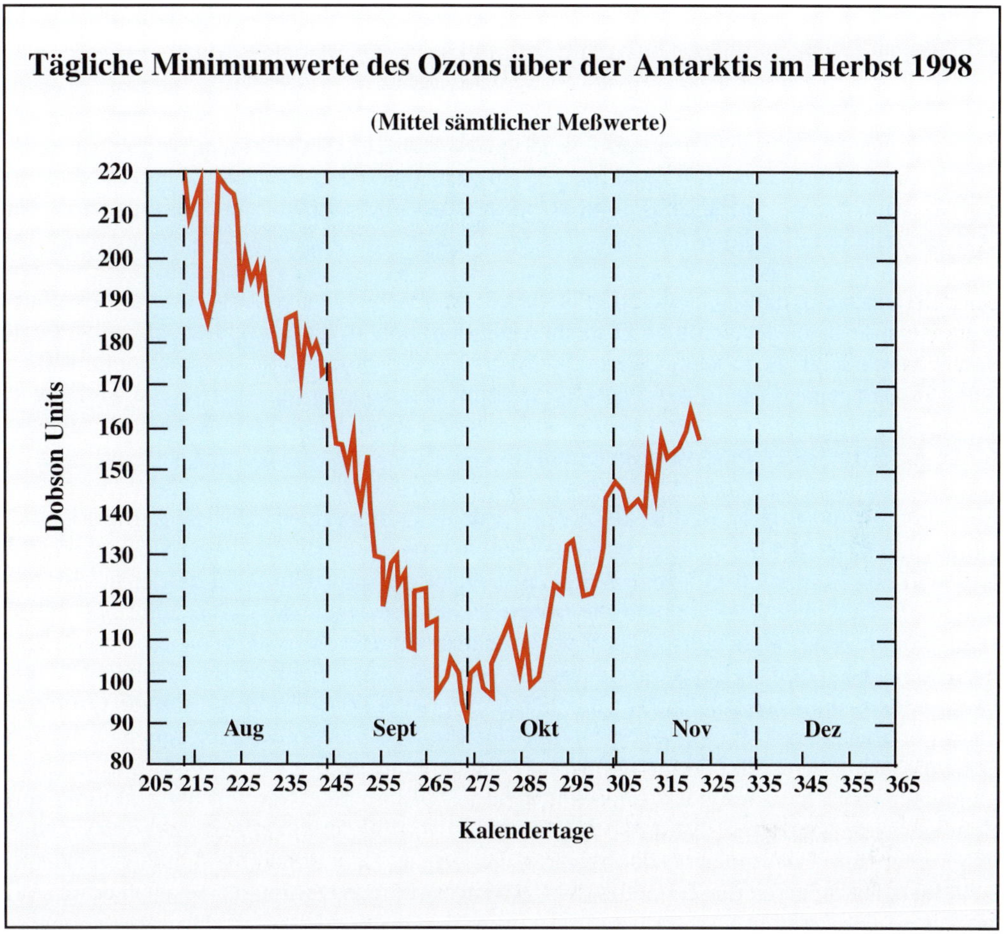

Abb. 5.16: Bildung des Ozonlochs im Herbst 1998[3]

Die durchschnittlichen jährlichen Ozonverluste im September und Oktober über der Antarktis liegen seit den 80er Jahren bei 50–70 % gegenüber den Werten in den 60er Jahren. Der Hauptverlust findet in einer Höhe von 14–20 km statt, wo in einigen Höhenschichten das Ozon teilweise ganz verschwindet. Mit dem Beginn des antarktischen Sommers schließt sich das Ozonloch jedoch wieder. Am 7. Oktober 1989 wurden beispielsweise über der Antarktis nur 111 DU gemessen, und die Fläche mit einem Ozonwert von unter 220 DU betrug 19 Mio km², was 7,5 % der Fläche der gesamten Südhalbkugel entspricht.[4] Die Fläche des Ozonlochs erreichte dann 1993 22 Mio km² und überbot im September und Oktober 1998

---

3 Gerndt, R.: Das Ozonloch über dem Südpol im Herbst 1998.
Internet: http://www.hagen.de/OZON/hole_98.htm;
WMO Antarctic Ozone Bulletin. Internet: http://www.wmo.ch/web/arep/ozobull.html

4 Thomas, P. (1994): Zu wenig Ozon in der Stratosphäre; in: Praxis der Naturwissenschaften - Chemie, 4/43, S. 10

mit 25 Mio km^2 alle bisherigen Rekorde. Ozonlochkonditionen reichten dabei bis 55° S; und von mehreren Forschungsstationen in der Antarktis wurde gemeldet, dass in Höhen zwischen 12 und 22 km das Ozon zeitweilig völlig zerstört war.

Die minimalsten Ozon-Werte wurden 1998 in den letzten September-Tagen gemessen (s. Abb. 5.16). Während Anfang August mit 220 DU der Beginn des Ozonloch-Zustands erreicht wurde, lagen die Werte Ende September nur noch bei 90-100 DU.[1] Ab Oktober nahm die Ozondichte dann von Tag zu Tag zu.

Über dem Nordpol gibt es inzwischen ebenfalls erhebliche Ozonverluste. Das bisher stärkste arktische Ozonloch wurde im Frühjahr 1997 beobachtet, als die mittlere Ozonmenge in den Breiten 63–90° N auf einen Wert von etwa 70 % des durchschnittlichen Ozongehalts in diesen Breiten sank.[2] Die Ursache für den besonders ausgeprägten Ozonverlust wird hier in dem kalten und langen Winter 1996/97 in der nordpolaren Stratosphäre gesehen, der die Ausbildung von PSC-Wolken begünstigt hat.

Auch in mittleren Breiten gibt es deutliche Ozonverluste seit den 70er Jahren. Bodengestützte und Satelliten-Messungen haben eine Abnahme der stratosphärischen Ozonkonzentration in den Breiten 30–60° N im Mittel um 5–10 % pro Jahrzehnt nachgewiesen. Besonders groß waren die Ozonverluste mit bis zu 15 % im Frühjahr der Jahre 1992 und 1993. Über großen Teilen Mitteleuropas und des Atlantiks wurden sogar Ozonsäulendichten von nur 200 bis 240 Dobson-Einheiten gemessen, was einer Verminderung der Ozonschicht gegenüber dem langjährigen Mittel um ca. 35 bis 45 % entspricht.[3] Für diese starken Ozonverluste war wahrscheinlich der Ausbruch des Pinatubo 1991 verantwortlich. An vulkanischen Schwefelsäure-Aerosolen können ähnliche Reaktionen ablaufen wie an PSC-Eiskristallen. Langfristig gibt es jedoch auch einen anthropogen bestimmten Trend in der Zunahme von Schwefelsäure-Aerosolen, die durch die Oxidation von SO_2 aus den Abgasen des Luftverkehrs stammen. Der langjährig beobachtete Trend einer Ozonabnahme in mittleren Breiten ist jedoch eindeutig mit der Zunahme der Chlorkonzentration gekoppelt, die 1989 um 2,9 %, 1992 um 1,6 % zunahm.

Der Rückgang der Zuwachsrate von stratosphärischem Chlor ist auf das Montrealer Protokoll zur Verminderung der FCKW-Emissionen zurückzuführen. Die maximale Chlorkonzentration in der Stratosphäre wird um das Jahr 2000 erwartet, erst danach wird es zu einer Erhöhung der stratosphärischen Ozon-Konzentration kommen und zu einem Abbau des Ozonlochs.

Der Sommersmog in der Troposphäre

Der stratosphärischen Ozon-Abnahme steht in der Troposphäre in den letzten Jahrzehnten eine ebenso besorgniserregende Ozon-Zunahme gegenüber, die gleichfalls durch den Men-

---

1 Gerndt, R.: Das Ozonloch über dem Südpol im Herbst 1998.
Internet: http://www.hagen.de/OZON/hole_98.htm; WMO Antarctic Ozone Bulletin.
Internet: http://www.wmo.ch/web/arep/ozobull.html

2 Wahner, A. (1998): Ozonrückgang in der Stratosphäre; in: Lozan, J.L. u.a. (Hrsg.): Warnsignal Klima. Wissenschaftliche Fakten, Hamburg, S. 137

3 Umweltbundesamt (1997): Daten zur Umwelt. Der Zustand der Umwelt in Deutschland. Ausgabe 1997. Berlin, S. 106.

schen bedingt ist. Seit Beginn der industriellen Revolution im 19. Jahrhundert hat sich in der bodennahen Luftschicht der Nordhalbkugel das mittlere Ozon-Mischungsverhältnis auf 40 bis 50 ppbv mehr als verdoppelt. Diese erhöhte Ozonkonzentration führt zu einer Belastung der menschlichen Atemwege und zu Schädigungen bei Tieren und Pflanzen. In Anlehnung an den Londoner Winter-Smog hat sich für dieses Phänomen der Name Sommer-Smog bzw. Photo-Smog eingebürgert. War für den Winter-Smog die Verbrennung schwefelhaltiger Kohle beim Heizen verantwortlich, bei der SO_2 und Ruß emittiert wurden, so ist die Ursache für den Sommer-Smog vor allem im zunehmenden Kraftverkehr zu suchen. Bei der Verbrennung von Treibstoffen werden Stickoxide, Kohlenstoffmonoxid und Kohlenwasserstoffe emittiert, die – bei intensiver Sonneneinstrahlung – mit anderen chemischen Verbindungen der Luft zu Ozon reagieren.

Von der gesamten Ozonmenge der Atmosphäre befinden sich in der Troposphäre lediglich 10 %. Bildung und Abbau von Ozon unterscheiden sich hier deutlich von den Prozessen in der Stratosphäre. Als Folge der UV-Absorption durch die Ozonschicht in der Stratosphäre gelangt nur längerwelliges UV-Licht mit einer Wellenlänge von > 290 nm in die Troposphäre. Dieses ist nicht energiereich genug, O_2 zu photolysieren, reicht jedoch für die Photolyse von NO_2 aus. So entsteht Ozon in der Troposhäre nicht als Folge der Photolyse von Sauerstoff, sondern von NO_2, das in unbelasteter Luft allerdings nur in geringer Konzentration vorkommt. Eine andere Quelle für troposphärisches Ozon ist die unregelmäßige Zufuhr durch dynamische Prozesse aus der Stratosphäre. Eine Senke für Ozon ist die Photolyse durch UV-Licht mit über 290 nm Wellenlänge. Auch chemische Reaktionen unter Beteiligung von OH, CO und NO_x tragen zum Ozon-Abbau bei. Unter natürlichen Bedingungen halten sich die chemische Ozon-Bildung und die Zulieferung aus der Stratosphäre mit dem photolytischen und chemischen Ozon-Abbau die Waage und bedingen eine Ozon-Konzentration von etwa 10 ppb.

In durch Verbrennungsprodukte belasteten Gebieten wird das natürliche Ozon-Gleichgewicht der Troposphäre bei gleichzeitiger starker Sonneneinstrahlung jedoch empfindlich gestört. Bei Verbrennungsprozessen mit hoher Temperatur bildet sich in erster Linie Stickstoffmonoxid, das nach der Emission rasch in Stickstoffdioxid umgewandelt wird. Die Zerlegung des Stickstoffdioxids durch einfallendes Sonnenlicht (mit einer Wellenlänge unter 420 nm) in Stickstoffmonoxid und atomaren Sauerstoff ist dann der Ausgangspunkt der Ozon-Bildung:

$$NO_2 + h\nu \rightarrow NO + O$$
$$O + O_2 \rightarrow O_3$$

Das hierbei, aber auch bei der Verbrennung selbst entstehende Stickstoffmonoxid reagiert mit Sauerstoff wieder zu Stickstoffdioxid, das als Katalysator entweder erneut in den obigen Prozess eintritt oder mit molekularem Sauerstoff eine Reaktion eingeht, die ebenfalls zur Ozon-Bildung führt:

$$2\,NO + O_2 + h\nu \rightarrow 2\,NO_2$$
$$NO_2 + O_2 + h\nu \rightarrow NO + O_3$$

Auch dieser Prozess läuft nur dann ab, wenn Sonnenstrahlung die dafür nötige Energie liefert.

Aus der Reaktion des Verbrennungsprodukts Kohlenmonoxid (CO) mit dem Hydroxylradikal OH entstehen ebenfalls Stickoxide, die dann unter dem Einfluss der Solarstrahlung zur Ozon-Bildung beitragen.

Ende des 19. Jahrhunderts lag die bodennahe Ozon-Konzentration bei 10 ppbv. Bereits in den 40er Jahren wurde man in Los Angeles auf den Sommer-Smog aufmerksam. In den 60er Jahren wurden hier Spitzenwerte von 500 bis 1000 Mikrogramm pro Kubikmeter Luft ($\mu g/m^3$) gemessen. Gegenwärtig werden ähnliche Werte in Mexiko City registriert, wo an 300 Tagen im Jahr mehr als 220 $\mu g/m^3$ gemessen und Rekordwerte bis 2000 $\mu g/m^3$ erreicht werden. In Deutschland liegen die Spitzenwerte selten über 300 $\mu g/m^3$, erreichten 1976 in Mannheim aber kurzfristig auch schon einmal 400–600 $\mu g/m^3$. 1993 lag der statistische Durchschnittswert bei 44 $\mu g/m^3$. Aufgrund gesetzlicher Maßnahmen ist für die Zukunft nicht mit wesentlich höheren Werten zu rechnen.

Wegen der öffentlichen Reaktion auf den Sommer-Smog wurde in den letzten Jahren ein umfangreiches Messnetz aufgebaut. In Anhängigkeit von der Wetterlage und der Emission der Ozon-Vorläufersubstanzen wies die Ozon-Konzentration erwartungsgemäß sehr starke zeitliche wie räumliche Schwankungen auf. Dabei zeigte sich das merkwürdig anmutende Phänomen, dass nicht die Ballungsräume und Verkehrsknotenpunkte die höchsten Werte aufwiesen, sondern Kleinstädte und ländliche Regionen. Sie lagen 1993 wesentlich häufiger über dem Mittelwert von 44 $\mu g/m^3$ und überschritten öfter den Schwellenwert von 240 $\mu g/m^3$ für die Auslösung von Smogalarm. Für dieses Land-Stadt-Gefälle der Ozon-Konzentration sind vor allem zwei Vorgänge verantwortlich:

1. Die Reaktionsprozesse der Ozon-Bildung erfolgen nicht unmittelbar auf die Emission der Ozon-Vorläufersubstanzen, sondern mit einer zeitlichen Verzögerung von Stunden, in der Regel nachmittags zwischen 14 und 16 Uhr. In dieser Zeit sind Stickoxide und Kohlenmonoxid durch Luftströmungen von ihrem Emissionsort – Ballungsräumen oder Autobahnen mit hohem Verkehrsaufkommen – in Randzonen transportiert worden, wo dann die eigentliche Ozonbildung stattfindet.
2. Zur abendlichen Rush-hour-Zeit zwischen 17 und 18 Uhr kommt es zwar erneut zu einer starken Emission von Ozon-Vorläufersubstanzen, die aber jetzt aufgrund der geringen Strahlungsintensität der tiefer stehenden Sonne andere chemische Prozesse anstoßen als am frühen Nachmittag. Der hohe Stickoxid-Anteil führt jetzt dazu, dass Ozon abgebaut wird, was die Ozon-Konzentration in den Städten und an stark befahrenen Verkehrswegen drastisch sinken lässt. In ländlichen Gebieten fehlen aber die höheren Stickoxid-Konzentrationen zum Abbau des Ozons, weshalb hier der Ozon-Gehalt hoch bleibt.

5.5. Aerosole

Bedeutung

Aerosole sind kleinste feste und flüssige, in der Atmosphäre schwebende Teilchen, die sowohl natürlichen (Staubstürme, Vulkanausbrüche, Meersalz) wie anthropogenen Ursprungs (Verbrennung von fossilen Energieträgern und Biomasse) sein können. Noch in den 80er Jahren wurde die Bedeutung der Aerosole hauptsächlich in ihrer Beteiligung am „sauren Regen“ gesehen. Gegenwärtig spielen sie vor allem in der aktuellen Klimadiskussion eine

Rolle, da eine wichtige Eigenschaft der Aerosole darin besteht, dass sie Sonnenlicht reflektieren und sie somit im Gegensatz zu den anthropogenen Treibhausgasen eine abkühlende Wirkung besitzen.

Die klimatische Bedeutung von Aerosolen wurde vor allem durch die Diskrepanz zwischen den Temperaturveränderungen, die von Klimamodellen aufgrund der Zunahme der Treibhausgaskonzentration in der Atmosphäre berechnet wurden, und den beobachteten Werten offensichtlich. Zum einen waren im globalen Mittel die beobachteten Werte geringer als die berechneten. Zum anderen zeigten die beobachteten Werte auf der Nord- und Südhalbkugel charakteristische Unterschiede: In den letzten Jahrzehnten ist die Temperatur auf der Südhalbkugel anscheinend stärker angestiegen als auf der Nord-Hemisphäre, und die Temperaturveränderung auf der Nord-Hemisphäre zeigt ein stark regionales Muster. Das weist auf einen auf die Nordhalbkugel begrenzten Abkühlungsfaktor und auf regional differenzierte Temperatureinflüsse. Im Gegensatz zu den meisten Treibhausgasen, die eine lange Verweilzeit in der Atmosphäre besitzen (> 10 Jahre) und daher gut durchmischt vorkommen, beträgt die Lebensdauer der Aerosole, die durch Niederschlag aus der Atmosphäre schnell wieder entfernt werden können, nur 4–5 Tage.[1] Die Verbreitung von Aerosolen ist daher an ihre Entstehungsgebiete und deren Lee-Zonen gebunden. Diese befinden sich aber, da die Mehrheit der anthropogenen Aerosole durch Verbrennung fossiler Energierohstoffe entsteht, zum überwiegenden Teil auf der Nordhalbkugel. Da Aerosole Sonnenstrahlen primär reflektieren bzw. die Wolkenbildung verstärken und damit den Strahlungshaushalt der Atmosphäre negativ beeinflussen, lässt sich in ihnen die Ursache für die Verringerung des treibhausbedingten Temperaturanstiegs und dessen regionale Diffenzierung sehen.

Entstehung und chemische Umwandlung

Während auf der Südhalbkugel die natürlichen Aerosol-Emissionen das Dreifache der anthropogenen betragen, sind umgekehrt auf der Nordhalbkugel, wo ca. 90 % aller durch menschliche Tätigkeiten bedingten Aerosole entstehen, die anthropogenen Emissionen rund fünfmal so hoch wie die natürlichen.[2] Bei den natürlichen Aerosolen handelt es sich hauptsächlich um durch Winderosion über den Kontinenten entstandenen Staub, um Meersalz und Sulfatverbindungen marinen Ursprungs und um Aerosole aus Vulkanausbrüchen. Staub-Aerosole entstehen hauptsächlich über Wüsten, trockenen See- und Flussbetten, aber auch über Flächen, deren Vegetations- und Bodenbedeckung erst durch menschliche Aktivitäten zerstört wurde. Die wichtigste natürliche Quelle für Sulfat-Aerosole ist Dimethylsulfid (DMS), das vom Phytoplankton in den Meeren abgegeben wird. Bei Vulkanausbrüchen entsteht sowohl Staub wie Schwefeldioxid (SO_2), das als Vorläufersubstanz von Sulfat-Aerosolen fungiert. Vulkanische Aerosole können bis in die Stratosphäre geschleudert werden und dort mehrere Monate verbleiben.

Der größte Teil der anthropogenen Aerosole entstammt chemischen Reaktionen von Schwefeldioxid (SO_2), das in der Troposhpäre durch Verbrennung fossiler Rohstoffe freigesetzt wird. Davon wird etwa die Hälfte durch Niederschlag ausgewaschen bzw. durch trockene Ablagerung der Atmosphäre wieder entzogen. Die verbleibenden 50 % reagieren in wolken-

---

[1] HOUGHTON, J.T. et al. (1996): Climate Change 1995. The Science of Climate Change, Cambridge, S.105

[2] CHARLSON, R.J. and T.M.L. WIGLEY (1994): Sulfat-Aerosole und Klimawandel, in: Spektrum der Wissenschaft, April 1994, S. 49

freien Zonen über mehrere Reaktionsschritte zu Schwefelsäuregas (H_2SO_4), das durch Kondensation oder Verbindung mit Wassermolekülen flüssige Teilchen unter einem Mikrometer bilden kann. In Wolken löst sich Schwefeldioxid in bereits existierenden Wassertröpfchen und bildet nach einer Teil-Verdunstung des Wassers ähnliche Schwefelsäuretröpfchen wie bei der Reaktion in wolkenfreien Zonen. Durch ihre hohe Affinität zu Wasser ziehen Schwefelsäuretröpfchen in feuchter Luft weiteres Wasser an und wachsen. Die so entstehenden größeren Tröpfchen streuen sichtbares Licht noch stärker und können erkennbare Dunstschleier bilden. Wegen der komplizierten Prozesse bei der Entstehung von Sulfat-Aerosolen weichen die quantitativen Abschätzungen deutlich voneinander ab. So wurde in Modellrechnungen der Anteil der in Wolken gebildeten Aerosole auf 66–90 % der gesamten Sulfat-Aerosole bestimmt.[1] Beobachtungsdaten über Aerosol-Konzentrationen gibt es nur vom Boden aus; in der freien Atmosphäre gibt es kaum irgendwelche Messungen.

Bei der Verbrennung fossiler Rohstoffe sowie bei der Biomassen-Verbrennung entstehen neben Schwefeldioxid auch organische Aerosole und Ruß-Partikel, deren klimatische Bedeutung erst in jüngster Zeit größere Beachtung gefunden hat.[2]

Klimatische Wirkung

Sulfat-Aerosole haben einen direkten Abkühlungseffekt, weil sie Sonnenstrahlen zurück in den Weltraum reflektieren, und einen indirekten Abkühlungseffekt, weil sie die Wolkenbildung fördern und die optischen Eigenschaften von Wolken verändern. Beide Effekte, insbesondere aber der indirekte Effekt, sind quantitativ schwer abzuschätzen.

Durch die Reflexion der Solarstrahlung erhöhen Sulfat-Aerosole die planetare Albedo. Quantitative Berechnungen der Störung des globalen Strahlungshaushalts durch den direkten Aerosoleffekt wurden erst in den 90er Jahren durchgeführt. Sie schwanken zwischen -0,3 W/m^2 und -0,9 W/m^2 im globalen Mittel,[3] bei einer solaren Strahlungsintensität von etwa 200 Watt pro m^2. Etwa 3 % der direkten Sonnenstrahlung werden durch anthropogene Sulfat-Aerosole gestreut, wovon wiederum 15–20 % zurück in den Weltraum gelangen (Abb. 4.4).[4]

Sulfat-Aerosole agieren als Kondensationskerne und können daher die Wolkenbildung verstärken. Die Zahl der Kondensationskerne beeinflusst entscheidend die Tropfenkonzentration in Wolken, die Albedo der Wolken und den Niederschlag. Solarstrahlung wird von Wolkentropfen hauptsächlich reflektiert und kaum absorbiert. Durch eine Erhöhung der Tropfenzahl verstärkt sich daher die Reflexion der Solarstrahlung durch Wolken. Ein weiterer Aspekt der indirekten Wirkung besteht in dem Einfluss der Veränderung der Tropfengröße auf die Niederschlagsbildung und die Verweilzeit der Wolken. Je kleiner die Tropfen, desto geringer die Niederschlagsneigung per Tropfen. Die Verweilzeit von Wolken mit kleinen Tropfen ist daher länger als die von Wolken mit größeren Tropfen. Durch eine Verringerung der Niederschlagsneigung wird zugleich die Verweilzeit der Aerosole verlängert, da weniger Aerosole

---

[1] Feichter J. u.a. (1997): The atmospheric sulfur cycle in ECHAM-4 and its impact on the shortwave radiation, in: Climate Dynamics 13, 235–246, p. 236

[2] Hansen, J.E. et al. (1997): Radiative forcing and climate response, J. Geophys. Research 102, 6831–6864

[3] Lohmann U. and J. Feichter (1997): Impact of sulfate aerosols on albedo and lifetime of clouds: A sensitivity study with the ECHAM4 GCM, J. Geophys. Research 100, 13685–13700

[4] Charlson R.J. and T.M.L. Wigley (1994): Sulfat-Aerosole und Klimawandel, Spektrum der Wissenschaft, April 1994, 46–53, S. 50

durch Niederschlag ausgewaschen werden können. Die Unsicherheit in der Einschätzung der quantitativen Strahlungs-Wirkung des indirekten Aerosol-Effekts ist so groß, dass der IPCC keinen Mittelwert, sondern nur eine Bandbreite von 0 bis -1,5 W/m^2 angibt (Abb. 4.8).[5]

Organische Aerosole haben ebenso wie Sulfat-Aerosole einen direkten wie einen indirekten Effekt auf den Strahlungshaushalt, indem sie einerseits Sonnenstrahlen reflektieren und andererseits die Wolkenbildung beeinflussen. Der direkte Effekt könnte quantitativ sogar dem der Sulfat-Aerosole gleichkommen. Die ebenfalls bei der Verbrennung entstehenden Rußpartikel anthropogenen Ursprungs wirken dagegen hauptsächlich Licht absorbierend und besitzen damit einen erwärmenden Effekt, der möglicherweise in der Größenordnung des Abkühlungs-Effekts der organischen Aerosole liegt oder ihn sogar übertrifft.[6]

[5] HOUGHTON, J.T. et al. (1996): Climate Change 1995. The Science of Climate Change, Cambridge, S. 115

[6] SCHULT, I. et al. (1997): Effect of black carbon and sulfat aerosols on the Global Radiation Budget, J.Geophys. Res. Atmos., 102, 30107–30117

6. Ozean und Klima

6.1. Die Rolle des Ozeans im Klimasystem

Die Oberfläche der Erde wird zu 71 % vom Ozean eingenommen. Im Klimasystem kommt schon daher dem Ozean eine entscheidende Rolle zu. Im Tages- und Jahresgang der Temperaturen besitzt der Ozean eine ausgleichende Wirkung. Das Klima von Orten in Meeresnähe ist im Sommer kühler und im Winter wärmer als das von Orten derselben Breite im Landesinnern (maritimes und kontinentales Klima). In der Klimageschichte haben die Ozeane aber umgekehrt auch eine Verstärkung von Temperaturänderungen bewirkt. So wird der plötzliche Temperaturabfall und -wiederanstieg am Ende der letzten Eiszeit (in der Jüngeren Dryas-Zeit) auf drastische Veränderungen in der ozeanischen Zirkulation zurückgeführt.

Worin liegen die Ursachen für die besondere Rolle des Ozeans? Physikalisch grundlegend ist der asymmetrische Aufbau des Wassermoleküls, der die eigenartigen Volumenänderungen des Wassers bei Änderungen der Temperatur zur Folge hat. Bei einer Abkühlung bis auf +4 °C bilden die Moleküle immer dichtere „Packungen“, wodurch das Volumen ab- und die Dichte des Mediums Wasser zunimmt. Bei fortgesetzter Abkühlung wird nun aber die Dichte des Wassers wieder verringert. Beim Gefrieren nimmt die Dichte sogar sprunghaft um 9 % ab, da die Moleküle einen Kristallgitterverband eingehen. Die Folge ist, dass bei einer Temperatur unter dem Dichte-Maximum von +4 °C kälteres (Süß-)Wasser über wärmerem liegt und Eis, das erheblich leichter als Wasser ist, auf dem Wasser schwimmt.

Bei Temperaturen über dem Dichte-Maximum verhält sich Wasser allerdings wieder „normal“. In den Ozeanen der niederen und mittleren Breiten treibt daher eine wärmere Deckschicht über kälterem Tiefenwasser. Bei einer Klimaänderung reagieren Deckschicht und Tiefenwasser wie zwei verschiedene Medien auf völlig unterschiedlichen Zeitskalen. Das Oberflächenwasser steht in unmittelbarem Austausch mit der Atmosphäre und nimmt Temperaturveränderungen der Atmosphäre in zeitlicher Verzögerung auf. Bei einer Abkühlung der Atmosphäre kann es eine höhere Dichte als das Tiefenwasser erreichen und absinken und durch wärmeres Wasser von unten ersetzt werden. In diesem Fall wird das Tiefenwasser in die Klimaänderung miteinbezogen. Die beteiligten Austauschprozesse dauern in der Regel sehr lange, wodurch eine klimatische Abkühlung stark gedämpft wird. Allerdings kann eine Eis-Albedo-Rückkopplung den Abkühlungsprozess auch beschleunigen. Dabei reflektiert eine wachsende Eisschicht zunehmend die Sonneneinstrahlung, was zu einer verstärkten Abkühlung und damit zu einem weiteren Anwachsen der Eisschicht führt usw. Eine ganz andere Rolle spielt der Ozean bei einer extern angetriebenen Erwärmung. In diesem Fall wird nur die Deckschicht einbezogen, die das Tiefenwasser vor der Temperaturveränderung abschirmt, wodurch die klimatische Veränderung viel schwächer durch den Ozean gedämpft wird.

Neben dem asymmetrischen Molekülaufbau weist Wasser noch eine weitere Besonderheit auf: Es ist ein extrem gutes Lösungsmittel. Der Salzgehalt der Weltmeere beträgt im Mittel 34,7 ‰. Durch den Salzgehalt werden nun aber die Dichteeigenschaften sowie der Gefrierpunkt des Wassers deutlich verändert. Im Ozean liegt das Dichte-Maximum nicht bei +4 °C, sondern (theoretisch) unter dem Gefrierpunkt, der aufgrund des Salzgehaltes nicht bei 0 °C, sondern bei –1,9 °C liegt. Das Dichtemaximum wird also nicht vor dem Gefrieren erreicht und überschritten wie beim Süßwasser, d. h. dass das Oberflächenwasser bei Abkühlung bis zum Gefrierpunkt ständig absinkt und durch wärmeres Tiefenwasser ersetzt wird. Diese bis zur Temperatur des Dichtemaximums ablaufende thermische Konvektion von Meerwasser bedingt, dass zur Eisbildung eine viel stärkere Wärmeabgabe an die Atmosphäre nötig ist als bei Süßwasser. Nicht nur der durch den Salzgehalt bedingte niedrige Gefrierpunkt, sondern auch die thermische Konvektion bietet also einen Schutz vor dem Gefrieren.[1]

Ein wichtiger Klimafaktor sind außerdem die Strömungssysteme der Weltmeere, die entscheidend zum Ausgleich des Strahlungsgegensatzes zwischen höheren und niederen Breiten durch die Sonneneinstrahlung beitragen. Die Oberflächenströmungen der Meere werden zu einem großen Teil durch die großen Windsysteme angetrieben. Wo sich windgetriebenes Wasser an den Küsten staut (z. B. in der Passatregion vor den Ostküsten der Kontinente), kommt es zu einer Anhebung des Meeresspiegels und zu Niveau-Ausgleichs-Strömungen. Wird durch Wind Oberflächenwasser von der Küste weggetrieben (z. B. vor der Küste Perus durch den vom SO-Passat nach Westen getriebenen Humboldt-Strom), wird es durch Auftriebswasser aus der Tiefe ersetzt.

Die direkt windgetriebenen Strömungen tragen allerdings wenig zum Energie-Ausgleich zwischen niederen und höheren Breiten bei, da sie im wesentlichen breitenparallel verlaufen: die O-W-gerichteten Äquatorialströme und die von Westen nach Osten verlaufenden Strömungen um die Antarktis. Nur die Niveau-Ausgleichs-Ströme reihen sich z. T. in jenes weltweite Strömungssystem ein, das entscheidend am globalen Energieausgleich beteiligt ist: in die thermohaline Zirkulation der Weltmeere, das durch Dichteunterschiede angetriebene „große marine Förderband".

6.2. Das große marine Förderband

Sein Verlauf

Das „große marine Förderband" (engl.: the great ocean conveyor) zieht sich wie ein gedrehtes Band von M.C. Escher durch alle drei Ozeane. Anfang und Ende können überall sein. Dennoch ist es sinnvoll, die Betrachtung im Nordatlantik beginnen zu lassen. Der nördliche Atlantik, in den der Golfstrom mündet und Europa ein außerordentlich mildes Klima beschert, ist nicht nur am besten untersucht. Er ist auch insofern hervorzuheben, als nur hier zwischen 50° N und 80° N gewaltige Absinkbewegungen von Oberflächenwasser in tiefere Ozeanschichten vorherrschen. Es gibt zwar noch eine Zone im Welt-Ozean mit vergleichbaren Absinkbewegungen, nämlich das Weddell- und Rossmeer am Rand der Antarktis; dieses Gebiet ist jedoch Teil einer großen Mischzone,[2] des Antarktischen Zirkumpolarstroms, in dem aufsteigende, absinkende und horizontale Strömungen Wassermassen verschiedener Herkunft vermengen und wieder neu verteilen.

Im Nordatlantik wird das absinkende Oberflächenwasser von Süden durch den Golfstrom und zu einem geringeren Teil aus dem Nordpolarmeer durch den Labradorstrom er-

---

[1] Vgl. Dietrich, G. u.a. (1967): Allgemeine Meereskunde. Eine Einführung in die Ozeanographie. 3. Aufl., Stuttgart, S. 54 ff.

[2] Broecker, W.S. (1991): The great ocean conveyor, Oceanography 4, S. 79: „the great mix-master of the world ocean"

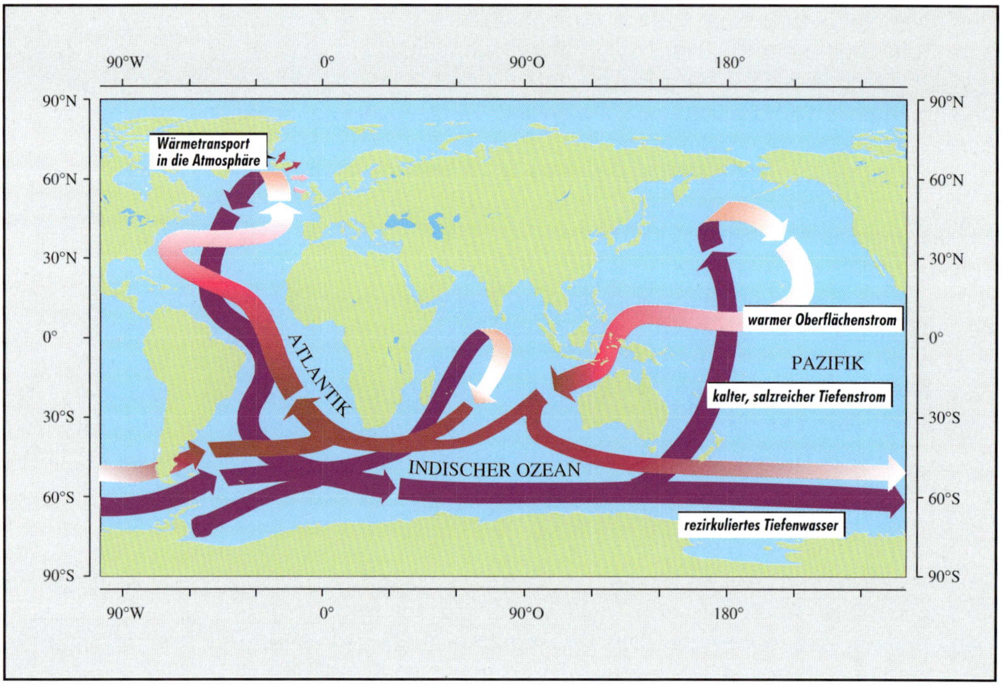

Abb. 6.1: Das große marine Förderband
(Quelle: MPI/DKRZ, nach BROECKER)

setzt. Die abgesunkenen Wassermassen strömen als nordatlantisches Tiefenwasser nach Süden. Bei 30° N liegt die nach Süden fließende Wassermenge in der Größenordnung von 20 Sv (1 Sv = 1 Sverdrup = 10^6 m^3/sec). Das sind etwa 20 Mal so viel wie der Abfluss aller Flüsse der Erde und einiges mehr als die gesamte globale Niederschlagsmenge. Ein Teil des nordatlantischen Tiefenwassers steigt auf diesem Weg nach Süden wieder auf und fließt nach Norden zurück. Etwa 14 Sv verlassen den Atlantik über den antarktischen Zirkumpolarstrom, der sie dann an den Indischen und Pazifischen Ozean verteilt.

Im Indischen Ozean und im Pazifik steigt das einströmende Tiefenwasser auf dem Weg nach Norden wieder auf. Dabei wird im Indischen Ozean aus dem Tiefenwasser an den Kontinentalrändern Afrikas, Südasiens und Australiens Zwischenwasser, das in einigen 100 m Tiefe wieder nach Süden fließt und über den Antarktischen Zirkumpolarstrom durch die Drake-Passage um Südamerika herum – zum kleineren Teil auch um Südafrika – wieder in den Atlantik einströmt. Der andere Teil des einst atlantischen Tiefenwassers strömt bis in den nördlichen Pazifik und steigt hier im Gegensatz zum Indischen Ozean weitgehend bis in die oberen Schichten auf.

Aufgrund der Windverhältnisse fließt das neu entstandene Oberflächenwasser dann zum größten Teil durch die indonesische Passage und über den Indischen Ozean und den Antarktischen Zirkumpolarstrom durch die Drake-Passage – zum geringeren Teil wiederum auch um Südafrika – wieder in den Atlantik.

Im Süd-Atlantik steigt ein Teil des Zwischenwassers aus dem Indischen Ozean in die Deckschicht auf und strömt zusammen mit dem Oberflächenwasser aus dem Pazifik nach Norden. Diese Wassermassen ersetzen zu 95 % die 16 Sv, die der Atlantik als Tiefenwasser an den Indischen und Pazifischen Ozean verliert. Die restlichen 5 % strömen über die Beringstraße und das Nordpolarmeer ein.

Damit ist der Kreislauf geschlossen. Dem Nordatlantik fällt dabei die Rolle des Tiefenwasserproduzenten zu. Indischer und Pazifischer Ozean wandeln dagegen Tiefenwasser in Zwischen- und Oberflächenwasser um. Über den großen „mix-master" des Antarktischen Zirkumpolarstroms laufen die Verbindungen zwischen den Ozeanen und ihren Wasserschichten.

Das beschriebene Bild des großen marinen Förderbandes ist erst in den letzten Jahren entwickelt worden.[1] Mit ihm verknüpfen sich für das Klimasystem weitreichende Fragen: Wodurch wird dieses Förderband angetrieben? Worin liegt seine Bedeutung für das Klima? Ist seine Zirkulation stabil?

Seine Ursache

Auch wenn das große marine Förderband in seinen Oberflächenströmungen z. T. windgetrieben ist, ist es insgesamt als eine thermohaline Zirkulation zu verstehen, d.h. es wird durch Dichteunterschiede zwischen verschiedenen Wassermassen angetrieben, die durch unterschiedliche Temperaturen und unterschiedlichen Salzgehalt bedingt sind.

Grundlegend ist der großräumige Dichteunterschied, der zwischen dem Atlantik-Wasser und dem der beiden anderen Ozeane besteht. Er ist bedingt durch einen höheren mittleren Salzgehalt des Atlantiks, der im Durchschnitt 1 ‰, im Nordatlantik sogar 2–3 ‰ über dem des Pazifischen bzw. Nord-Pazifischen Ozeans liegt.[2] Die Zunahme von 1 ‰ Salzgehalt hat dieselbe Erhöhung der Dichte zur Folge wie eine Abkühlung um 3–4 °C. Die höhere durchschnittliche Dichte des Atlantik-Wassers bewirkt, dass grob gesehen in der Tiefe Wasser aus dem Atlantik in den Indischen und Pazifischen Ozean ausströmt und an der Oberfläche wieder einströmt.

Ursache für den höheren Salzgehalt im Atlantik ist der Wasserhaushalt der Atmosphäre im Bereich des Atlantischen Ozeans und seines Einzugsgebiets. Der Export des über dem Atlantischen Ozean verdunsteten Wasserdampfs in die beiden anderen Ozeane ist größer als der Import an Wasserdampf aus deren Gebiet. Der Grund liegt in der Orographie der Kontinente. In der Westwind-Zone der Nordhemisphäre gelangt relativ wenig Wasserdampf vom Pazifik über die Rocky Mountains in das atlantische System, während der Atlantik vergleichsweise mehr Wasserdampf über den relativ flachen eurasischen Kontinent in den Pazifik exportiert. Vor allem aber verliert der Atlantik in der Passat-Region beiderseits des Äquators über die schmale mittelamerikanische Landbrücke Wasserdampf an den Pazifik, ohne dass ein ähnlicher Transport über den afrikanischen Kontinent stattfindet. Lediglich der Südatlantik weist im Wasserdampf-Austausch mit dem Indischen und Pazifischen Ozean

---

1 Vgl. Broecker, W.S. (1991): The great ocean conveyor, Oceanography 4, 79-91 und Broecker, W.S. (1996): Plötzlicher Klimawechsel, Spektrum der Wissenschaft, Januar 1996, 86–92

2 Broecker, W.S. (1991): The great ocean conveyor, Oceanography 4, 83

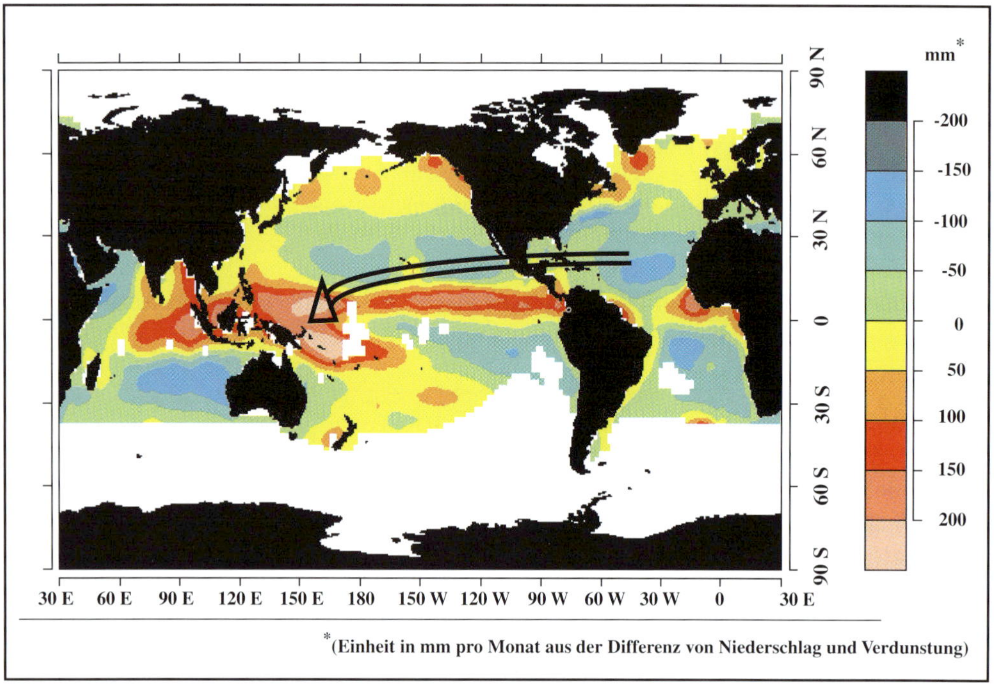

Abb. 6.2: Der Wasserhaushalt der Ozeane (Quelle: MPI/DKRZ; Der Pfeil beschreibt den wichtigsten Weg des Wasserdampftransports von der Antlantik- in die Pazifik-Region)

einen geringen Gewinn auf. Insgesamt beträgt die Nettoverlustrate für den Atlantischen Ozean 0,4-0,8 Sv. Das ist mehr als der doppelte Durchfluss des Amazonas. Im Laufe eines Jahres würde dieser Verlust von verdunstetem Wasser zu einer Absenkung des Meeresspiegels im Atlantik um mehr als 15 cm führen – wenn es nicht durch einströmendes Wasser ersetzt würde.[1]

Abb. 6.2 macht den Unterschied im Wasserhaushalt zwischen Atlantischem und Pazifischem Ozean deutlich. Die gelben bis roten Zonen zeigen Gebiete mit einem Niederschlagsüberschuss, die grünen bis blauen Zonen Gebiete mit einer höheren Verdunstung. Im Atlantik dominieren eindeutig die Gebiete mit überwiegender Verdunstung, im Pazifik die mit überwiegendem Niederschlag. Besonders auffällig ist dieser Unterschied in den Tropen und Subtropen.

Der Wasserdampf-Verlust hätte ohne Ausgleich auch eine stetige Erhöhung des Salzgehalts um 1,4 ‰ in 1 000 Jahren zur Folge.[2] Den Ausgleich schafft jedoch der Ausstrom von atlantischem Tiefenwasser mit einem relativ hohen Salzgehalt von 34,9 ‰, das durch einen Ober-

[1] Broecker, W.S. (1991): The great ocean conveyor, Oceanography 4, S. 84; Zaucker, F. and Broecker. W.S. (1992): The Influence of Atmospheric Moisture Transport on the Fresh Water Balance of the Atlantic Drainage Basin: General Circulation Model Simulations and Observations, Journal of Geophysical Research, Vol.97, No.D3, 2765–2773; Schmitt. R.W. (1995): The ocean component of the global water cycle. Rev.of Geophysics, Suppl., p.1395–1409, July 1995

flächen-Einstrom mit einem etwas geringeren Salzgehalt von 34,3 ‰ ersetzt wird.[3] Diese Differenz von 0,6 ‰ Salzgehalt verhindert im Atlantik eine zunehmende Salzgehalts-Erhöhung durch den Wasserdampf-Export.

Der Wasseraustausch im Südatlantik zwischen den verschieden dichten Wassermassen der großen Ozeane ist der eine Motor der thermohalinen Zirkulation des großen marinen Förderbandes. Der andere befindet sich im Nordatlantik, wo das eingeströmte Oberflächenwasser in Tiefenwasser umgewandelt wird. In der Passat-Region nimmt das nach Norden strömende Oberflächenwasser eine große Menge an Wärmeenergie durch Einstrahlung auf und erhöht seinen Salzgehalt durch Verdunstung. Als salzreiches Golfstromwasser erreicht es schließlich den Nordatlantik und wird im Gebiet der sogenannten GIN(Grönland-Island-Norwegen-)-See durch arktische Luftmassen von 10 auf 3 °C und weniger abgekühlt. Diese Abkühlung und z. T. auch das Ausfrieren von Eis erhöhen merklich die Dichte des Oberflächenwassers, so dass es bis auf 2 000 m absinkt und als Nordatlantisches Tiefenwasser nach Süden strömt. Die absinkenden Wassermassen wirken als Sog, wodurch das Golfstrom-Wasser weit nach Norden gelangt.

Ausschlaggebend für die Produktion von Tiefenwasser im Nordatlantik ist der hohe Salzgehalt des Atlantischen Wassers. Der um 2–3 ‰ niedrigere Salzgehalt im Nordpazifik würde selbst bei einer Abkühlung bis auf den Gefrierpunkt von hier –1,8 °C nicht genügend Dichte ermöglichen, um das Wasser tiefer als wenige 100 m absinken zu lassen. Im Pazifik kann schon aufgrund des niedrigeren Salzgehaltes kein Tiefenwasser gebildet werden. Hinzu kommt, dass der Pazifische Ozean auch weniger weit nach Norden reicht als der Atlantik. Die entscheidende Ursache für die Tiefenwasser-Produktion im Nordatlantik liegt also in dem Wasserdampf-Export in die Regionen der anderen Ozeane!

Seine klimatischen Folgen

Ohne das große marine Förderband in seiner heutigen Gestalt hätte Europa ein gänzlich anderes Klima. Vor allem würde es die für die Breitenlage überraschend milden Winter in Westeuropa und Skandinavien nicht geben. Man macht sich selten bewusst, dass etwa die Hansestadt Hamburg auf der Breite von Labrador liegt, wo die Januar-Temperaturen bei –15 °C und die Juli-Werte bei +10 °C liegen, während es in Hamburg im Januar im Mittel +0,2 °C und im Juli +17,3 °C warm ist.[4] Zwar ist die Ostküsten-Lage Labradors durch den kalten Labrador- Strom benachteiligt, aber auch Orte an der Westküste des nordamerikanischen Kontinents weisen vor allem im Winter deutlich niedrigere Temperaturen auf als Stationen auf derselben Breite an der europäischen Westküste. So zeigt das südliche Alaska, das ebenfalls auf der Breite Hamburgs liegt, im Januar –10 °C und im Juli 10–15 °C. Selbst das knapp nördlich des Polarkreises gelegene Bodö in Norwegen hat mit –2 °C für die Breitenlage noch sehr milde Wintertemperaturen, während etwa Nome in Alaska wenig südlich des Polarkreises trotz der Westküstenlage Januar-Werte von durchschnittlich –15 °C besitzt.[5]

Verantwortlich für die warmen europäischen Winter ist die Wärmeabgabe des großen marinen Förderbandes über dem Nordatlantik. Der Atlantik nimmt in niederen Breiten große Wärmemengen aus der Atmosphäre auf und transportiert sie mit dem Golfstrom und dessen

---

2 Broecker, W.S. (1991): The great ocean conveyor, Oceanography 4, S.84

3 ebd.

4 Diercke Weltatlas, 2. Aufl. Braunschweig 1991, S. 46 und 186

5 Weaver, A.J. (1995): Driving the ocean conveyor, nature 378, S. 135

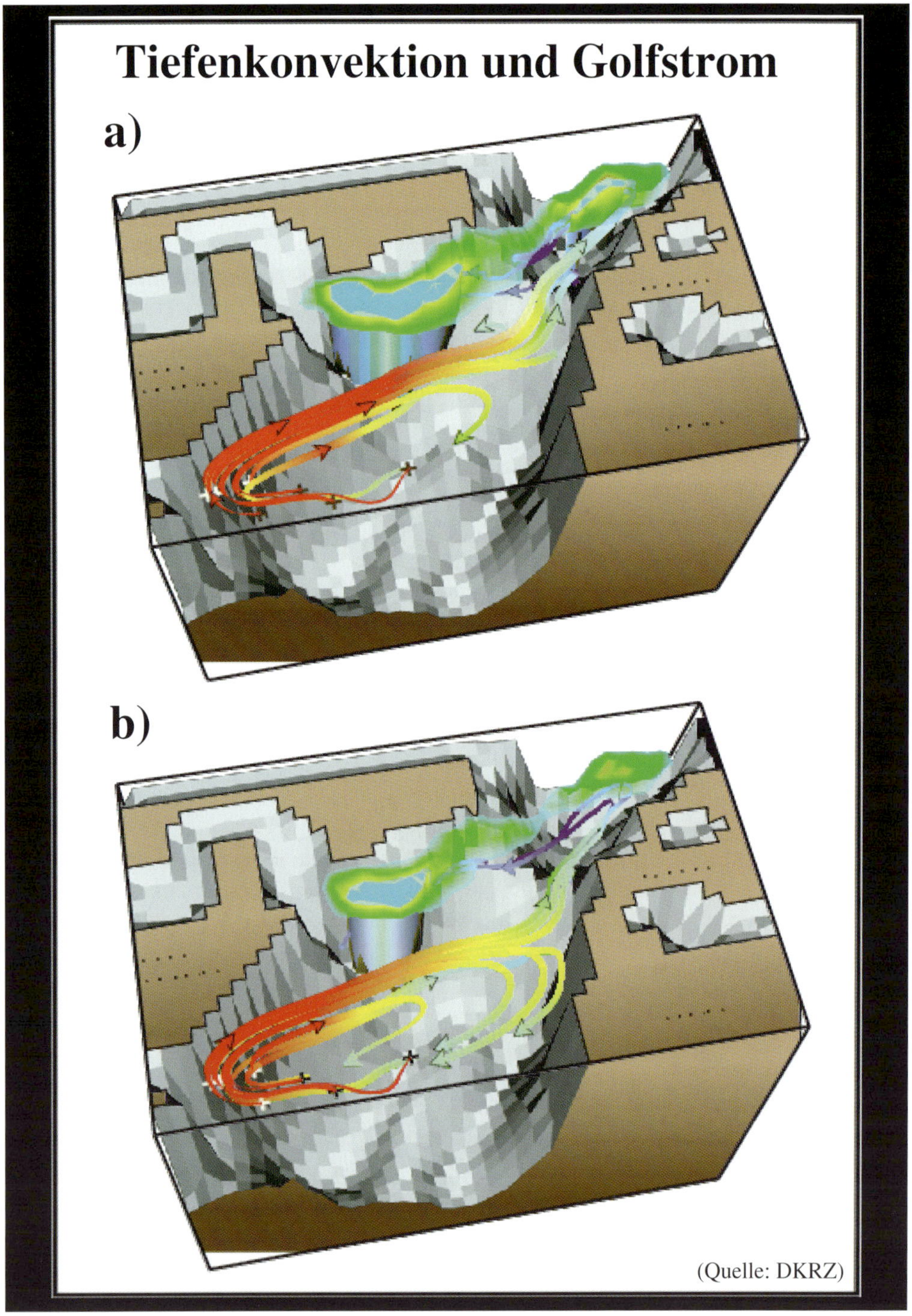

Abb. 6.3: Die Golfstromzirkulation heute (a) mit Absinkzonen im Nordatlantik (hellblau) und ihre mögliche Schwächung durch den anthropogenen Treibhauseffekt (b)

nordatlantischen Ausläufern bis in die GIN-See. Hier wird das stark salzhaltige Wasser des Golfstroms abgekühlt und seine Dichte soweit erhöht, dass es absinkt und dabei seine Wärme wieder an die Atmosphäre abgibt.

Die ozeanische und die atmosphärische Zirkulation gleichen durch polwärtigen Wärme-Transport je zur Hälfte den Energie-Gegensatz aus, der durch die unterschiedliche Sonneneinstrahlung in niederen und höheren Breiten entsteht. Die durch das Absinken großer Wassermassen im Nordatlantik bedingte starke Oberflächenströmung hat zur Folge, dass der größte Teil des nordwärtigen gesamtozeanischen Wärmetransports durch den Atlantik erfolgt. Bei 24° N beträgt er etwa 1 PW (1 Petawatt=10^9 Megawatt =10^{15} Watt). Zwar ist an diesem Wärmetransport auch der Wind beteiligt, der besonders in den Subtropen die Oberflächenströmung antreibt, größtenteils wird er aber durch die thermohaline Zirkulation geleistet, bei 36° N etwa zu 80 %.[1]

Die Wärmemenge, die das Golfstrom-Wasser bei seinem Absinken im Nordatlantik abgibt, ist abhängig von dem Temperatur-Verlust bei der Konvektion. Das Oberflächenwasser in der GIN-See hat eine Temperatur von ca. +10 °C, das nordatlantische Tiefenwasser hat in 2–3 km Tiefe dagegen nur noch 3 °C. Jeder cm^3 des Oberflächenwassers gibt bei seinem Absinken sieben Kalorien Wärme an die Atmosphäre ab. Bei einer Wasserzufuhr von 20 Sv durch die thermohaline Zirkulation sind das 4 x 10^{21} Kalorien pro Jahr. Das sind 35 % der Energie, die der Atlantik nördlich von 40° N durch die Sonne erhält.[2] Die Folge ist eine Erwärmung des nördlichen Atlantiks um etwa 4 °C[3] und eine Verschiebung der Klimazonen nach Norden um 1 500 km gegenüber dem globalen Mittel.

Seine Stabilität

Bleibt der Golfstrom aus?

Der Eingriff des Menschen in das globale Klima hat die Frage aufkommen lassen, ob dadurch auch die thermohaline Zirkulation verändert werden könnte. Zugespitzt lautet das Problem: Wird durch den anthropogenen Treibhauseffekt der Golfstrom zum Erliegen kommen oder merklich geschwächt werden? Und wird es dann in Nord- und Westeuropa anders als in den meisten Regionen der Welt kälter als heute? Die thermohaline Zirkulation wird von nicht wenigen Forschern als die „Achilles-Ferse“ unseres Klimasystems angesehen.[4]

Die Argumentation für eine empfindliche Verletzung dieser klimatischen Achilles-Ferse sieht folgendermaßen aus: Eine weltweite Erwärmung steigert den hydrologischen Kreislauf, d. h. in einigen Regionen verdunstet mehr Wasser, in anderen fällt mehr Niederschlag. Vor allem

---

1 Weisse, R. (1996): Nordatlantische Variabilität in einem Ozeanzirkulations-Modell im Zeitbereich von Dekaden, Max- Planck-Institut für Meteorologie, Examensarbeit Nr.24, Hamburg, S. 4

2 Broecker, W.S. (1991): The great ocean conveyor, Oceanography 4, S. 85 (1 Kalorie pro Sekunde = 4,184 Watt)

3 Rahmstorf, S. (1996): On the freshwater forcing and transport of the Atlantic thermohaline circulation, Climate Dynamics, 12, p. 799

4 Vgl. Broecker, W.S. (1997): Thermohaline Circulation, the Achilles Heel of Our Climate System: Will Man-Made CO2 Upset the Current Balance?, science Vol.278, 1582-1588; Rahmstorf, S. (1997): Risk of sea-change in the Atlantic, nature, 388, 825–826

in den Subtropen wird es zu höherer Verdunstung kommen, wodurch der Wasserdampftransport in die höheren Breiten verstärkt wird. In den Absinkgebieten der thermohalinen Zirkulation im Nordatlantik werden daher Kondensation und Niederschlag zunehmen. Außerdem schmilzt durch die höheren Temperaturen das Meereis teilweise ab. Beide Prozesse erhöhen die Frischwasserzufuhr im Nordatlantik (die Eisschmelze allerdings nur als einmaliger Effekt), wodurch der Salzgehalt und damit die Dichte des Oberflächenwassers verringert und die Absinkvorgänge, durch die der Golfstrom z. T. bis in die GIN (Grönland-Island-Norwegen-)-See gelenkt wird, geschwächt werden oder sogar ganz zum Erliegen kommen. Hinzu käme nach diesen Überlegungen noch die allgemeine Erwärmung durch den Treibhauseffekt, die eine weitere Verringerung der Dichte des Meerwassers bewirken würde.[1] Der Golfstrom würde sich dann verstärkt oder vollständig in die subtropische Zirkulation eingliedern, und im Atlantik würde sich ein ähnliches Strömungsbild wie im Pazifik einstellen, d.h. mit einer geschwächten oder sogar ohne eine Tiefenkonvektion der thermohalinen Zirkulation in den höheren Breiten und ohne den entsprechenden Wärmetransport.

Das Jüngere Dryas-Ereignis

Ein Beleg dafür, dass die thermohaline Zirkulation auch gänzlich anders aussehen kann als gegenwärtig, ist das sogenannte Jüngere Dryas-Ereignis am Ende der letzten Kaltzeit vor rund 11 000 Jahren.[2] Es ist heute weitgehend gesichert, dass der Wechsel von Warm- und Kaltzeiten durch Veränderungen der Erdbahnparameter verursacht wurde. Die starken Temperaturveränderungen in z. T. sehr kurzen Zeitabschnitten, die mit diesem Wechsel einhergingen, lassen sich jedoch durch eine Zu- und Abnahme der Solarstrahlung allein nicht erklären. Hier ist anzunehmen, dass Rückkopplungsprozesse im Klimasystem selbst, z. B. eine Rückkopplung durch eine zu- oder abnehmende Albedo oder durch das Zusammenspiel zwischen Ozean und Atmosphäre, den Antrieb durch die Solarstrahlung erheblich verstärkt haben.

Vor ca. 12 000 Jahren schien die letzte Kaltzeit ihrem Ende entgegenzugehen, und die globalen Temperaturen kletterten fast auf das nacheiszeitliche Niveau. Zumindest im Nordatlantikraum wurde die nacheiszeitliche Erwärmung jedoch in wenigen Jahrzehnten für fast 1000 Jahre von einem erneuten Rückfall in eiszeitliche Verhältnisse abgelöst, durch den die Grenze der Vereisung nochmals weit nach Süden vorrückte. Den Beleg dafür findet man in der Verbreitung fossiler Pollen der arktischen Silberwurz, die mit lateinischem Namen Dryas heißt. In jüngster Zeit haben auch Eiskerndaten aus Grönland einen Temperatursturz von 5–8 °C in wenigen Jahrzehnten belegt.

---

[1] Ob die Frischwasserzufuhr oder die Temperaturerhöhung die Hauptrolle für die Dichteabnahme des Nordatlantikwassers spielen, ist gegenwärtig ungeklärt. Nach Dixon et al. (1999): The influence of transient surface fluxes on North Atlantic overturning in a coupled GCM climate change experiment, Geophysical Research Letters 26 (17), 2749-2752, spricht mehr für die erste Möglichkeit, nach Mikolajewicz, U. and R.Voss (1998): The role of the individual air-sea flux components in CO-induced changes of the ocean's circulation and climate, Max-Planck-Institut für Meteorologie, Report No. 263, ist die Temperaturerhöhung der dominierende Faktor.

[2] Vgl. Broecker, W.S. et al.(1985): Does the ocean-atmosphere system have more than one stable mode of operation? , nature, 315, 21–26; Broecker, W.S. (1996): Plötzlicher Klimawechsel, Spektrum der Wissenschaft, Januar 1996, 86–92

Die Ursache für den klimageschichtlich sehr starken und plötzlichen Temperaturabfall lag nach heutiger Erkenntnis in einem Aussetzen oder einer deutlichen Schwächung der Tiefenkonvektion im Nordatlantik, die die am Ende der letzten Kaltzeit gerade wieder belebte Warmwasserheizung durch den Golfstrom abstellte. Als Grund für das Aufhören der Tiefenkonvektion wird eine plötzliche und gewaltige Schmelzwasserzufuhr über die Labradorsee in das Absinkgebiet der thermohalinen Zirkulation angenommen. Auf dem nordamerikanischen Kontinent zogen sich aufgrund der Erwärmung vor Beginn der Jüngeren Dryas-Zeit die Eismassen in dem Gebiet der heutigen Hudsonbai allmählich zurück. Das Schmelzwasser sammelte sich in einer großen Senke, die das Gewicht der Eismassen zuvor in die Kontinentalkruste gedrückt hatte. Der Abfluss erfolgte zunächst nach Süden. Vor 12 000 Jahren aber schmolz auch das Eis, das bis dahin einen Abfluss nach Osten durch das Tal des heutigen St.-Lorenz-Stroms versperrt hatte, und gab den Weg in den Nordatlantik frei. Der plötzliche Frischwasserstoß verringerte rapide den Salzgehalt und die Dichte im Oberflächenwasser des Nordatlantiks und brachte die Tiefenkonvektion zum Erliegen. Die Rückkehr eiszeitlicher Verhältnisse im nordatlantischen Raum war die Folge. Sie währten solange, bis die Frischwasserzufuhr aufhörte und sich durch erhöhten Salzgehalt und Dichte die Tiefenwasserbildung der thermohalinen Zirkulation in der Form einstellte, wie wir sie bis heute kennen.

Die Ereignisse in der Jüngeren Dryas-Zeit lehren zweierlei:

1. Die Tiefenwasserbildung im Nordatlantik, die Europa sein mildes Klima beschert, ist störungsanfällig; sie ist sozusagen die „Achilles-Ferse“[3] des großen marinen Förderbandes. Die kritische Größe ist der Salzgehalt des Meerwassers, auf den eine Vielzahl von Faktoren in dem Zusammenspiel zwischen Ozean und Atmosphäre einwirken.
2. Die Unterbindung der Tiefenkonvektion in der Jüngeren Dryas-Zeit war die Folge einer gewaltigen Frischwasserzufuhr. Nach neueren Modellberechnungen ist eine Frischwasserzufuhr von mindestens 0,38 SV nötig, um die Bildung von nordatlantischem Tiefenwasser zum Erliegen zu bringen.[4] Mit einer solchen Menge ist durch erhöhte Niederschläge und verstärktes Abschmelzen von Eis in einem vom Menschen verursachten Treibhausklima nicht im entferntesten zu rechnen. Die nordatlantische Warmwasserheizung wird daher durch den anthropogenen Klimawandel nicht abgestellt. Es ist aber nicht auszuschließen, dass sie abgeschwächt wird.

Rückkopplungsprozesse

Will man dem Verhalten der thermohalinen Zirkulation (THC) im Nordatlantik bei sich ändernden Randbedingungen auf den Grund gehen, müssen vor allem Rückkopplungsprozesse zwischen Ozean und Atmosphäre berücksichtigt werden. Da Daten über Strömungsveränderungen im Nordatlantik nur über einige Jahrzehnte zurückreichen und recht lückenhaft sind, stellen Klimamodelle heute das eigentliche „Untersuchungs“-Instrument dar. Die Ergebnisse sind allerdings stark abhängig von der Qualität der Modelle. Für weniger aufwendige Klimamodelle, die den Ozean nur mit einer passiv reagierenden Atmosphäre koppeln, ist die gegenwärtige Zirkulation des großen marinen Förderbandes sehr instabil und kann durch einen relativ geringen Frischwassereintrag dauerhaft in einen gänzlich anderen Zustand kippen. In den eine hohe Rechenzeit und hohe Kosten erfordernden gekoppelten Ozean-At-

[3] Broecker, W.S. (1991): The great ocean conveyor, Oceanography 4, S. 85

[4] Schiller, A. et al. (1996): The stability of the thermohaline circulation in a coupled ocean-atmosphere general circulation model, Climate Dynamics, 13, 325–347

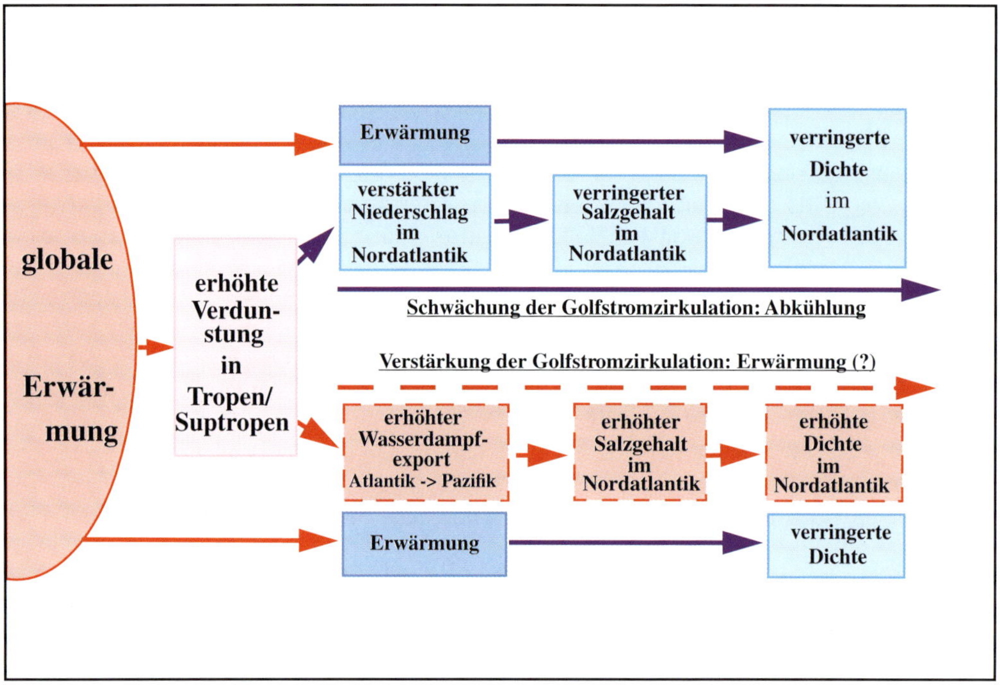

Abb. 6.4: Treibhauseffekt und thermohaline Zirkulation (Quelle: MPI/DKRZ)

mosphäre-Modellen, die sowohl den tiefen Ozean wie eine aktive Atmosphäre miteinbeziehen, zeigt sich dagegen, dass die Tiefenwasserbildung der THC im Nordatlantik der bevorzugte und stabilere Modus ist. Der Grund liegt in der Auslösung von Rückkopplungsprozessen bei einer Störung des Systems durch eine Frischwasserzufuhr.

Bei einem über 150 Jahre sich allmählich auf 0,38 Sv steigernden Frischwassereintrag kommt nach neueren Berechnungen mit einem gekoppelten Ozean-Atmosphäre-Modell die THC zwar vollständig zum Erliegen. Gleichzeitig werden in dem Zusammenspiel zwischen Ozean und Atmosphäre aber auch Prozesse ausgelöst, die dem neuen Modus entgegenwirken und bei einem Nachlassen oder Aussetzen der Frischwasserzufuhr den alten Zustand der Tiefenkonvektion wieder herstellen.[1]

Ein wichtiger negativer Rückkopplungseffekt ist die Abkühlung, die durch eine Unterbindung des nordwärtigen Wärmetransports verursacht wird. Ein Aussetzen der Tiefenkonvektion wird die Temperatur des Oberflächenwassers in der GIN-See um 5–8,5 °C senken.[2] Der Dichteverlust durch die Frischwasserzufuhr wird dadurch teilweise wieder aufgehoben. Eine andere negative Rückkopplung ist mindestens ebenso wichtig. Das Aussetzen der Tiefenkonvektion und des nordwärtigen Wärmetransports bewirkt in der bodennahen Atmosphäre

1 Schiller, A. et al. (1996): The stability of the thermohaline circulation in a coupled ocean-atmosphere general circulation model, Climate Dynamics, 13, 325–347
2 ebd.

eine Abkühlung von über 20 °C im nordatlantischen Raum, im Winter sogar von 33 °C, da das Eis die Atmosphäre vom wärmeren Ozean isoliert und die Albedo verstärkt. Durch die starke Abkühlung der Luft wird aber auch die allgemeine Zirkulation der nördlichen Hemisphäre verändert. Der erhöhte meridionale Temperatur-Gegensatz hat stärkere Luftdruckgegensätze und in mittleren und höheren Breiten stärkere Westwinde zur Folge. Das führt an der Ostküste Grönlands zu ablandigen Winden, zum Auftrieb von Tiefenwasser und zu einer Intensivierung des Ostgrönland-Stroms. Hierdurch wird das leichtere Frischwasser der Deckschicht weggetrieben und durch salzhaltigeres Wasser von unten ersetzt und damit die Dichte in der GIN-See erhöht.

Aufgrund dieser negativen Rückkopplungseffekte stellt sich bei einem Nachlassen der Störung durch die Frischwasserzufuhr die THC mit Tiefenwasserbildung im Nordatlantik als der bevorzugte Modus des ganzen Systems wieder ein.

Der Golfstrom im Treibhausklima
Auch wenn das Jüngere Dryas-Ereignis und Modellexperimente, die es simulieren, die grundsätzliche Möglichkeit eines Ausbleibens des Golfstroms im Nordatlantik belegen, ist damit über das Verhalten der thermohalinen Zirkulation (THC) in einem vom Menschen verursachten Treibhausklima nur wenig gesagt. Schließlich geht es im 21. Jahrhundert nicht um den Golfstrom in einer endenden Kaltzeit, in der große Eismassen über den Kontinenten am Rande des Nordatlantik lagen und die Treibeisgrenze weit nach Süden reichte, sondern um die Golfstromzirkulation in einer wärmeren Welt. Die Randbedingungen der THC im Nordatlantik werden also gänzlich andere sein als in der Jüngeren Dryas-Zeit. Während ein Klima mit einer bis in mittlere Breiten reichenden Vereisung das Golfstromwasser schon auf der Höhe Südeuropas so weit abkühlen kann, dass es die zum Absinken nötige Dichte erhält, ist ein solcher Fall unter klimatischen Bedingungen mit einer um 2 bis 3 °C wärmeren Atmosphäre völlig undenkbar. Das ja ebenfalls erwärmte Wasser aus dem Golf von Mexiko würde – auch bei etwas erhöhtem Salzgehalt (s. u.) – in die von der atmosphärischen Veränderung unberührten tieferen und deutlich kälteren Wasserschichten niemals absinken können.

Eine Schwächung der Golfstromzirkulation durch den anthropogenen Klimawandel ist damit jedoch nicht ausgeschlossen. Es ist aber auch möglich, dass die Tiefenwasserbildung im Nordatlantik in einem wärmeren Klima intensiviert wird. Abb. 6.4 verdeutlicht, warum bei einer Temperaturerhöhung beide Möglichkeiten denkbar sind:
Die Zunahme der atmosphärischen Konzentration von Kohlendioxid und anderen Treibhausgasen führt zu einer globalen Temperaturerhöhung, die wiederum, vor allem in den Tropen und Subtropen, die Verdunstung verstärkt. Die höhere Verdunstungsrate löst über dem Atlantik zwei Prozesse aus, die für die Dichte in den Absinkregionen der THC im Nordatlantik genau entgegengesetzte Auswirkungen haben. Zum einen verstärkt sich der Wasserdampftransport in die höheren Breiten, wodurch es hier zu höheren Niederschlägen kommt, die den Salzgehalt und die Dichte und auf diese Weise die Tiefenkonvektion verringern, d.h. die Golfstromzirkulation schwächen. Eine Erniedrigung der Dichte wird außerdem und möglicherweise in noch höherem Maße durch die treibhausbedingte Temperaturerhöhung bewirkt, die bei einer CO_2-Verdoppelung einen Wärmefluß von 1–3 W/m^2 von der Atmosphäre in den Ozean auslöst. Dieser Vorgang würde zu einer Abkühlung der Atmosphäre über dem Atlantik und seinen Randgebieten führen, die dann allerdings der Dichteverringerung durch die Temperaturerhöhung entgegenwirkt.

Bisher in der Forschung weniger gesichert ist die Gegenthese, die davon ausgeht, dass die verstärkte Verdunstung in den Tropen und Subtropen eine Erhöhung des Wasserdampfverlusts des Atlantiks gegenüber den anderen Ozeanen, besonders gegenüber dem Pazifik, zur Folge hat.[1] Der gegenwärtige Netto-Verlust des Atlantiks von 0,4–0,8 Sv Wasserdampf zwischen 30° S und 60° N könnte sich nach Modellrechnungen um 0,15 Sv bis zum Jahre 2100 erhöhen. Dadurch würde der Salzgehalt des Golfstroms deutlich steigen, die Dichte im Nordatlantik zunehmen und die Tiefenwasserbildung verstärkt werden. Auf diese Weise würden durch eine intensivierte Golfstromzirkulation die Wasser- und Luft-Temperaturen im Nordatlantikraum ansteigen. Allerdings wirkt die allgemeine Erwärmung der Dichteerhöhung in jedem Fall entgegen. Ob nun der verstärkte Wasserdampftransport in die höheren Breiten einschließlich der Temperaturzunahme oder der verstärkte Wasserdampfexport vom Atlantik in den Pazifik einen größeren Einfluss auf die Dichte des Oberflächenwassers der GIN-See haben wird, kann nach heutigem Kenntnisstand nicht endgültig entschieden werden.

Mehrere Berechnungen der allerjüngsten Zeit haben jedoch eine Schwächung der nordatlantischen Konvektion zum Ergebnis. So würde nach einer Modellberechnung des britischen Hadley Centres von 1999 bei dem Business-as-usual-Szenario der Wassertransport der atlantischen THC bei 24° N um 25 % reduziert und die Absinkzone bei Labrador ganz eingestellt werden.[2] Bei der Annahme einer Verdoppelung des CO_2-Gehalts der Atmosphäre nach 70 Jahren und nachfolgender Stabilisierung kommt es nach Berechnungen der auf diesem Gebiet renommierten Forscher S. Manabe und R. J. Stouffer nach 150 Jahren zu einer Reduktion der THC um die Hälfte, bei einer Vervierfachung der Kohlendioxid-Konzentration nach 140 Jahren sogar zu deren praktischem Erliegen.[3]

Auch wenn die Folgen eines anthropogenen Treibhauseffekts auf die thermohaline Zirkulation und den Golfstrom gegenwärtig nicht eindeutig bestimmbar sind, ist das Risiko eines menschlichen Eingriffs in eine 10000 Jahre lang stabile Zirkulation des Ozeans eindeutig gegeben.

6.3. El Niño

Das Ereignis

Mit dem spanischen Wort „El Niño“, das (Christ-)Kind, bezeichneten bereits im 19. Jahrhundert peruanische Fischer eine jährlich um die Weihnachtszeit auftretende Erwärmung der Meeresoberfläche vor der Küste Perus, mit der der übliche Fischreichtum in diesen Gewässern deutlich abnahm.

In unregelmäßigen Abständen, im Mittel alle drei bis vier Jahre, ist diese Erwärmung besonders ausgeprägt und dauert etwa ein Jahr an. Heute werden nur noch außergewöhnliche Er-

[1] Vgl. Latif, M. and E. Roeckner (1999): Tropical Stabilisation of the Thermohaline Circulation in a Greenhouse Warming Simulation, Max-Planck-Institut für Meteorologie, Report No. 299

[2] Wood, R.A. et al. (1999): Changing spacial structure of the thermohaline circulation in response to atmospheric CO2 for-cing in a climate model, nature, 399, 572–575

[3] Manabe,S. and R.J. Stouffer (1999): The role of the Thermohaline circulation in climate, Tellus 51A-B, 91–109

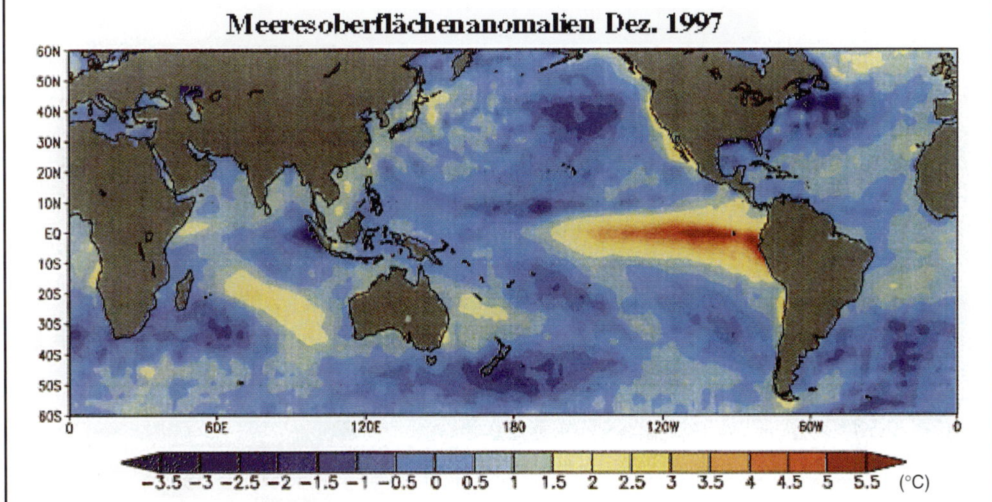

Abb. 6.5: Anomalie der Meeresoberflächentemperatur während des El Niño 1997/98
(Quelle: MPI/DKRZ)

höhungen der Meeresoberflächentemperatur als El Niño bezeichnet. El-Niño-Ereignisse stehen im Wechsel mit Phasen besonders starker Abkühlung des Oberflächenwassers vor der Westküste Südamerikas, die man als La Niña bezeichnet.

Besonders ausgeprägt waren in jüngster Zeit die El-Niño-Ereignisse von 1982/83 und 1997/98. Die Erwärmung des Oberflächenwassers während des El Niños 1997/98 erstreckte sich im äquatorialen Pazifik von der Westküste Südamerikas nach Westen über ein Viertel des Erdumfangs. Die stärksten Temperaturerhöhungen zeigten sich im Ostpazifik vor der peruanischen Küste mit mehr als 5 °C über den normalen Temperaturen. Sie nahmen nach Westen hin, wie bei El-Niño-Ereignissen üblich, deutlich ab.

Die Folgen

Die Auswirkungen von El-Niño-Ereignissen sind in den Tropen rund um den gesamten Globus spürbar, mit zum Teil erheblichen Folgen für die Wirtschaft und die Gesellschaft in vielen Staaten der Erde. Sie beeinflussen das Wettergeschehen aber auch in außertropischen Gebieten wie Nordamerika mit ebenfalls ökonomischen Konsequenzen. Auch auf das europäische Wetter ist ein Einfluss vermutlich vorhanden, wenn auch statistisch schwer nachweisbar.

In der äquatorialen Zone ändern sich bei einem El Niño vor allem die Niederschlagsverhältnisse. In den sonst sehr regenreichen tropischen Anrainerstaaten am westlichen Pazifikrand kommt es zu ausgeprägten Dürren, von denen besonders Südostasien und Nordostaustrali-

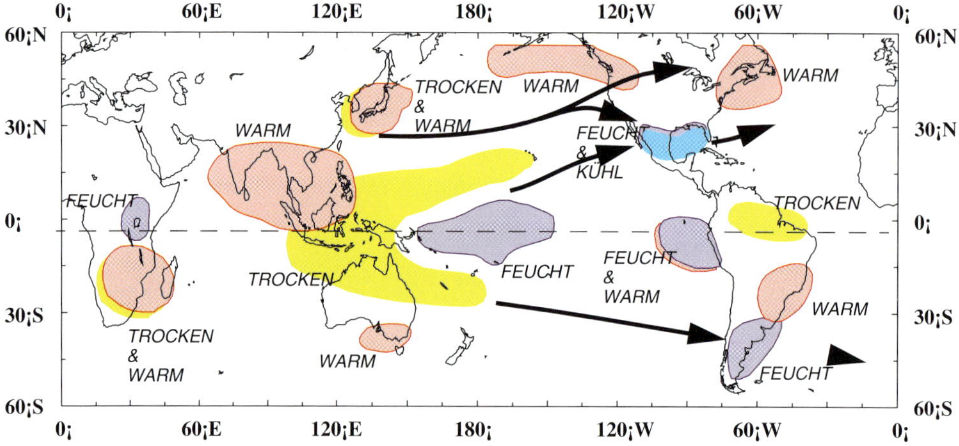

Abb. 6.6: El-Niño-Folgen im Nord-Winter
(Quelle: MPI/DKRZ)

en betroffen sind. Auch der ohnehin schon trockene Nordosten Brasiliens leidet während eines El Niños verstärkt unter Dürren. Die Dürren führen zu deutlichen Einbrüchen bei den Ernten und können erheblich die Weltmarktpreise wichtiger Exportgüter in die Höhe treiben. So hat sich der Kokosölpreis (Kokos wird vor allem in Südostasien angebaut) nach den starken El Niños der Jahre 1972/73 und 1982/83 mehr als verdoppelt. Ähnliche Auswirkungen gibt es aufgrund der Trockenheit im Nordosten Brasiliens auf den Kaffeepreis.

Mit den Dürren gehen häufig Staubstürme sowie Wald- und Buschbrände einher, die nicht nur riesige Waldgebiete vernichten und landwirtschaftliche Anbaugebiete bedrohen, sondern auch große Ballungszentren in Mitleidenschaft ziehen können. So war der El Niño 1982/83 die Ursache dafür, dass die australische Millionenstadt Melbourne von einer gewaltigen Staubwolke eingedeckt wurde. Während des El Niños 1997/98 verwüsteten Waldbrände Ende 1997 monatelang mehrere 100 000 ha Tropenwald auf Sumatra und Borneo, die zwar um die Jahreswende durch Monsunregen vorübergehend gelöscht wurden, um dann aber im Frühjahr 1998 erneut auszubrechen; gleichzeitig ereigneten sich ausgedehnte Brände im nördlichen Amazonasgebiet.

Die Brände in Indonesien fielen zeitlich zusammen mit einer Finanzkrise, die den Boom der südostasiatischen Tiger-Staaten abrupt beendete. Von beiden Phänomenen waren Indonesien und das Nachbarland Malaysia besonders betroffen. Indonesien wie Malaysia sind wichtige Holzexporteure. So werden 12 % der indonesischen Exporte durch Holzprodukte bestritten.[1] Das Wachstum der ländlichen Bevölkerung, zahlreiche Migranten aus anderen

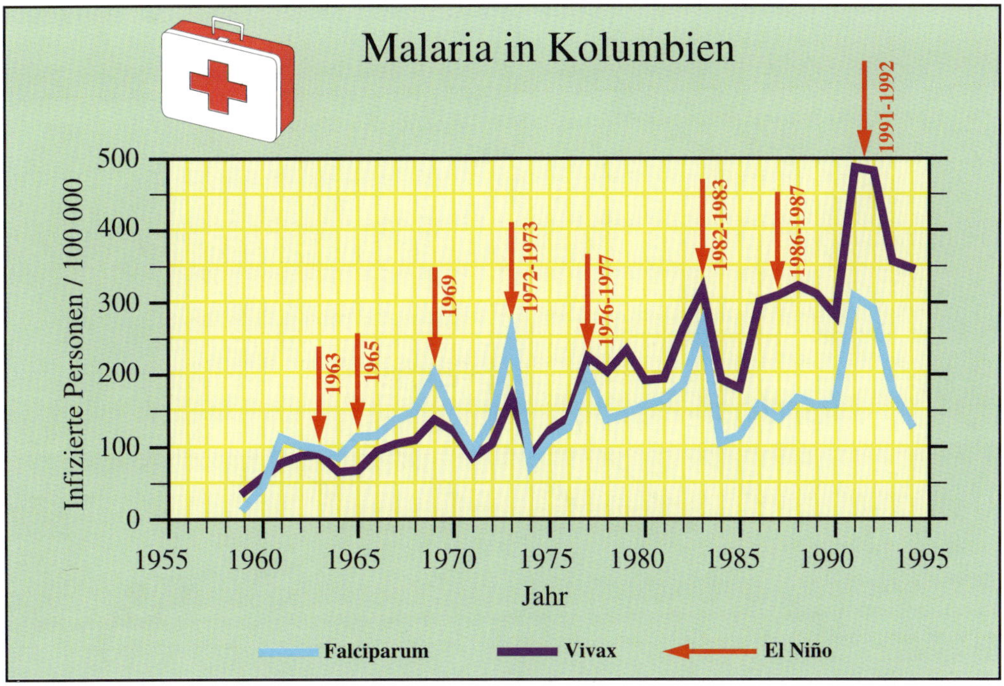

Abb. 6.7: Anzahl der durch die beiden wichtigsten Malaria-Erreger („Vivax" und „Falciparum") infizierten Personen in Kolumbien. Die Pfeile deuten El-Niño-Jahre an.[2]

Gebieten wie Bali, eine expandierende Landwirtschaft und einige große Holzgesellschaften vernichten durch Feuer und Abholzung jährlich nahezu 11 000 km² Wald vor allem auf Sumatra und Borneo.[3] Der El Niño hat die Waldvernichtung seit August 1997 erheblich verstärkt, indem er dafür sorgte, dass der normalerweise die Brände wieder löschende Monsun fast ausblieb. Fast ganz Südostasien wurde – ausgehend von Sumatra und Borneo – von einer riesigen Rauchwolke bedeckt, die nahezu die Hälfte der Fläche Europas erreichte. Sie verursachte unter der Bevölkerung Indonesiens, aber auch z. B. in Singapur und Kuala Lumpur starke Gesundheitsschäden. Im Herbst 1997 erhöhte sich in Malaysia die Zahl von Asthmafällen um 65 %.[4] Darüber hinaus haben die Brände Auswirkungen auf das Klima, da sie Kohlendioxid und Aerosole freisetzen.[5] Nach Schätzung des ehemaligen deutschen Umweltministers und jetzigen Exekutivdirektors des Umweltprogramms der Vereinten Nationen (UNEP) KLAUS TÖPFER entspricht die zusätzliche Kohlendioxid-Freisetzung allein durch die Brände des Jahres 1997 der europäischen CO_2-Emission in einem Jahr.[6] Die Verbrennung

[1] ZWICK, A. et al. (1997,): The Indonesian forest fire. Special Note, EC-JRC-Institute for Prospective Technological Studies. Seville, S. 1

[2] Poveda, G. et al. (2000): Climate and ENSO Variability Assoyiated with Vector-Borne Diseases in Columbia, in: DIAZ, H.F. et al.: El Niño and the Southern Oscillation, Multiscale Variability and Global and Regional Impacts, Cambridge, 183-204

[3] ebd., S. 3 [4] ebd., S. 4

[5] HOYNINGEN-HUENE, W. VON u.a.(1998): Kurzwelliger Klimaantrieb durch Waldbrände in Südostasien, in: Geographische Rundschau 50, S. 120

[6] Die Zeit, Nr.16, 8.4.1998, S. 32

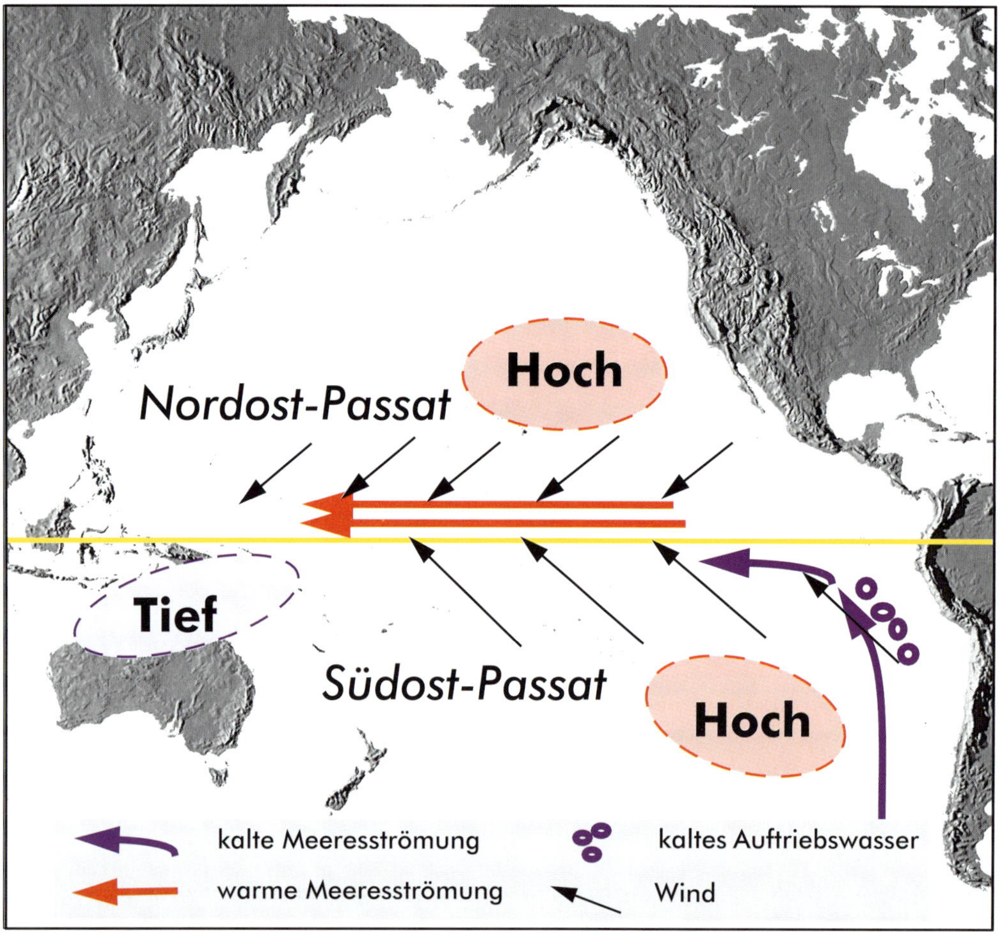

Abb. 6.8: Schematische Darstellung der Zirkulationsverhältnisse in der äquatorialen Pazifik-Zone (Quelle: MPI/DKRZ)

von Biomasse gilt außerdem als wichtige Quelle für Methylbromid, das an der Ozon-Zerstörung in der Stratosphäre beteiligt ist.[1]

Während normalerweise der westliche äquatoriale Pazifik niederschlagsreich und der östliche sehr trocken ist, drehen sich diese Verhältnisse in El-Niño-Zeiten um. Der Trockenheit über Südostasien und Australien stehen im östlichen Pazifik und an der fast wüstenartigen Westküste Südamerikas nahezu sintflutartige Niederschläge gegenüber, die etwa in Peru zu starken Erosionsschäden, Überschwemmungen und Erdrutschen führen, die ganze Ortschaften vernichten können. Zu ähnlichen Ereignissen kommt es in Ostafrika, während die Küsten Mexikos und Kaliforniens unter heftigen Stürmen und Regenfällen zu leiden haben. Andere Folgen zeigen sich etwa in Kolumbien, wo in El-Niño-Jahren die Zahl der Malariainfektionen signifikant steigt, weil bei der höheren Feuchtigkeit die Vermehrung der malariaverseuchten Mücken begünstigt wird.[2]

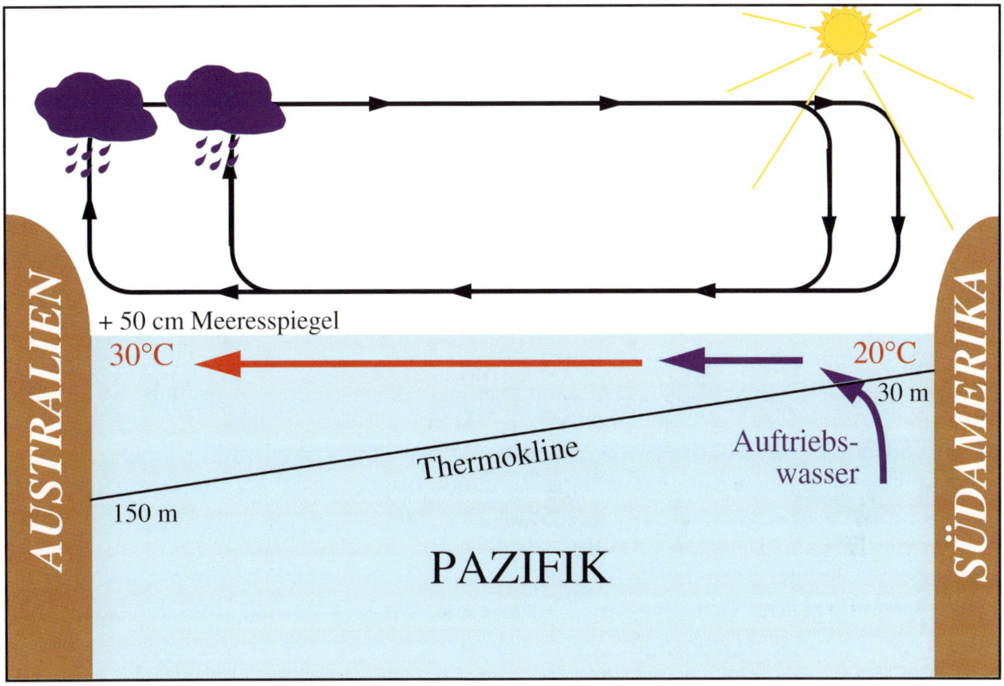

Abb. 6.9: Walker-Zirkulation und Meeresströmungen im äquatorialen Pazifikraum
(Quelle: MPI/DKRZ)

Die Zirkulationsverhältnisse

In normalen Jahren

El Niño ist eine Erscheinung in der pazifischen Innertropischen Konvergenzzone (ITCZ) und beruht auf Wechselwirkungen zwischen Ozean und Atmosphäre. Angetrieben durch die hochstehende Sonne kommt es hier zu der sogenannten Hadley-Zirkulation, bei der am Äquator erwärmte Luftmassen aufsteigen, sich in der Höhe polwärts bewegen, über den Wendekreisen wieder absinken, zum Äquator zurückströmen, hier konvergieren und wieder aufsteigen. Aufgrund der unterschiedlichen Land-Meer-Verteilung auf der Nord- und der Südhalbkugel ist die Zirkulation nicht ganz symmetrisch, so dass die Konvergenz nicht genau am Äquator, sondern bei 8–10° N liegt. Die durch die Erddrehung bedingte Corioliskraft lenkt die von den Wendekreisen zum Äquator strömende Luft nach Westen ab, woraus auf der Nordhalbkugel der Nordost-Passat und auf der Südhalbkugel der Südost-Passat entstehen.

Die Passate treiben wiederum Meeresoberflächenströmungen an, die durch weitere Ablenkung in Äquatornähe als Nord- und Süd-Äquatorialstrom in Ost-West-Richtung fließen. Vor der südamerikanischen Westküste entsteht der Süd-Äquatorialstrom aus dem Hum-

---

[1] Zwick, A. et al. (1997): The Indonesian forest fire. Special Note, EC-JRC-Institute for Prospective Technological Studies. Seville, S. 2

[2] Latif, M. (1998): El Niño/Southern Oscillation, Hamburg (unveröffentlichtes Manuskript), S. 3 f. auch: http:// www.dkrz.de)

boldtstrom, der aus höheren Breiten kaltes Wasser mitführt, zunächst küstenparallel strömt und dann unter dem Einfluss des Südost-Passats nach Westen abdriftet. Diese Westdrift bewirkt, dass vor der Küste Perus aus der Tiefe kaltes Auftriebswasser nachströmt, das aufgrund seines hohen Nährstoffgehalts für den Fischreichtum der peruanischen Küstengewässer verantwortlich ist.

Das nach Westen geschobene Oberflächenwasser erwärmt sich zunehmend, und die Luft darüber nimmt durch Verdunstung Feuchtigkeit auf. Dadurch entsteht zum einen ein Temperaturunterschied in der Wasseroberflächentemperatur von nahezu 10 °C (30 °C im westlichen Pazifik und nur 20 °C vor der peruanischen Küste). Zum anderen kommt es zu starken Niederschlägen über dem australisch-indonesischen Raum, da die warmen und feuchten Luftmassen über dem Westpazifik aufsteigen und sich abregnen. In der Höhe strömt diese Luft wieder nach Osten zurück, sinkt über dem Ostpazifik ab und fließt dann wieder nach Westen. Die über dem Ostpazifik absinkende Luft bewirkt hier ein sehr trockenes Klima bis hin zur Ausbildung von Wüsten im südamerikanischen Küstenstreifen. Diese quer zur Hadley-Zirkulation liegende atmosphärische Zirkulationszelle längs des Äquators wird nach ihrem Entdecker als „Walker-Zelle“ bezeichnet. Der Wassertransport durch die Passate nach Westen staut das Oberflächenwasser am pazifischen Westrand auf, wodurch der Meeresspiegel einen halben Meter höher liegt als vor der südamerikanischen Westküste. Als Ausgleich kommt es in der Tiefe zu einer Schrägstellung der Thermokline, der Grenzfläche zwischen warmem Oberflächenwasser und kaltem Tiefenwasser, die im Osten dicht unterhalb der Meeresoberfläche bei 30 m Tiefe liegt, im Westen dagegen bei 150 m Tiefe (s. Abb. 6.9).

In El-Niño-Jahren

Während eines El Niños ändern sich die Zirkulationsverhältnisse im äquatorialen Pazifik gravierend. Die nach Westen gerichtete Meeresströmung schwächt sich ab, und es kommt zu einer Umkehrung des großräumigen Massenaustauschs zwischen östlichem und westlichem Pazifik. Ein wichtiger Faktor dieser Änderung ist eine Abschwächung der Passatwinde. Dadurch wird weniger Oberflächenwasser aus dem Ostpazifik nach Westen gedrückt, und der Auftrieb des kalten, nährstoffreichen Wassers vor der peruanischen Küste wird reduziert. Dadurch erwärmt sich die Kaltwasserzunge, die normalerweise von der südamerikanischen Ostküste nach Westen reicht, um bis zu 6 °C, wodurch der Temperaturgegensatz zwischen West- und Ostpazifik deutlich verringert wird. Die veränderten Temperaturverhältnisse des Oberflächenwassers führen zu einer Schwächung bzw. Verschiebung der Walker-Zirkulation Richtung Atlantik. Durch die Erwärmung der Meeresoberflächentemperatur über dem Ostpazifik steigt feuchte Luft auf und bewirkt hier und über der südamerikanischen Küstenregion starke Niederschläge. Über dem Nordosten Brasiliens dagegen bilden sich absinkende Luftmassen, was die Trockenheit in diesem Raum hervorruft.

Eine Erklärung

El Niño ist die stärkste natürliche Klimaschwankung in Zeiträumen von einigen Monaten bis zu mehreren Jahren. Er ist ein Produkt der Wechselwirkung zwischen Ozean und Atmosphäre, die das Klima des äquatorialen Pazifiks bestimmt. Positive Rückkopplungen können bei geringen anfänglichen Störungen das Ozean-Atmosphäre-System in dieser Region in einen neuen Zustand treiben.

Abb. 6.10: Normale und El-Niño-Wetterlage
(Quelle: MPI/DKRZ)

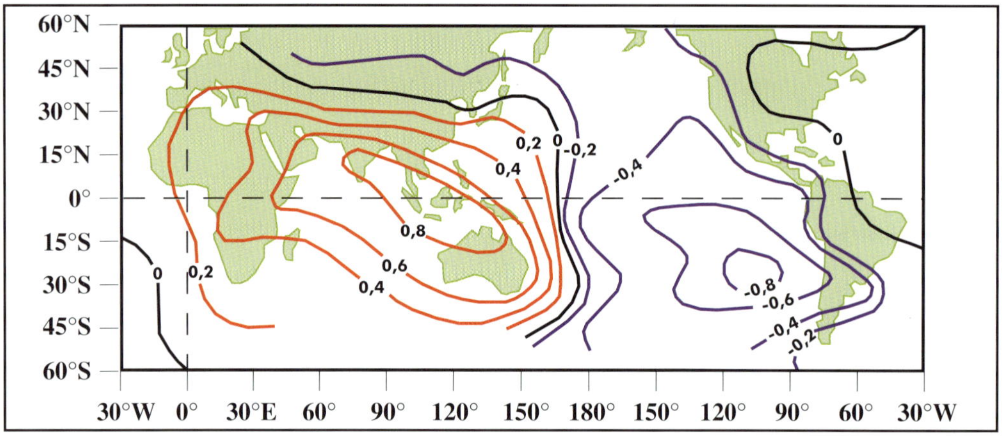

Abb. 6.11: Luftdruckkorrelation der Southern Oscillation
(Quelle: MPI/DKRZ)

Der Ozean reagiert in diesem System stark auf die atmosphärischen Windverhältnisse, d. h. auf die Passate, die wiederum durch die Luftdruckunterschiede zwischen Ost- und Westpazifik angetrieben werden. Entscheidend ist dabei der Druckunterschied zwischen dem Hochdruckgebiet im südöstlichen Pazifik (als Messwert wird der Bodendruck von Tahiti genommen) und dem asiatisch-australischen Tiefdrucksystem (Messwert von Djakarta, Indonesien). Dieser Druckunterschied unterliegt charakteristischen Schwankungen, die als Southern Oscillation bezeichnet werden. Abb. 6.11 zeigt die Korrelation der Luftdruckverhältnisse auf der Erde mit dem Luftdruck über Djakarta. Die positiven Werte zeigen die Intensität der gleichsinnigen Korrelation an (Djakarta=1), die negativen Werte die einer gegenläufigen Korrelation. D. h. bei einem steigenden Luftdruck in dem Tiefdruckgebiet über Indonesien fällt der Luftdruck in dem südostpazifischen Hochdruckgebiet, und die Differenz zwischen beiden Drucksystemen verringert sich; im umgekehrten Fall nimmt der Druckunterschied zu. Den Druckunterschied zwischen Tahiti und Djakarta bezeichnet man als Southern Oscillation Index (SOI). Der SOI weist zum El Niño eine negative Korrelation auf, d. h. dass in El-Niño-Phasen der SOI eine negative Abweichung vom Mittelwert zeigt und in La-Niña-Phasen eine positive Abweichung. Abb. 6.12 zeigt das sehr auffällig an dem El Niño von 1982/83. Da der El Niño eng mit der Southern Oscillation verknüpft ist, spricht man auch vom El-Niño-Southern-Oscillation (ENSO)-Phänomen.

Eine Abschwächung des Druckunterschieds zwischen Tahiti und Djakarta, d. h. eine negative Anomalie des SOI, hat eine Abschwächung des SO-Passats sowie der Walker-Zirkulation zur Folge, was wiederum in einem reduzierten Auftrieb von kaltem Wasser vor der peruanischen Küste resultiert. Dadurch erwärmt sich der Ostpazifik, was zu einer weiteren Reduzierung des Druckunterschieds zwischen dem Hoch- und Tiefdrucksystem führt, da der Luftdruck über dem östlichen Pazifik durch Erwärmung abgeschwächt wird, und damit zu einer weiteren Reduktion der Passatwinde und der Walker-Zirkulation usw. Dieser positive Rückkopplungsprozess wird soweit vorangetrieben und damit das El-Niño-Phänomen solange verstärkt, bis es zu einem Umkippen dieses Prozesses kommt und der Beginn einer La-Niña-Phase eingeläutet wird. Der SOI nimmt wieder zu, die Walker-Zelle und die Passate werden verstärkt. Dadurch quillt kaltes Tiefenwasser vor der südamerikanischen Ostküste

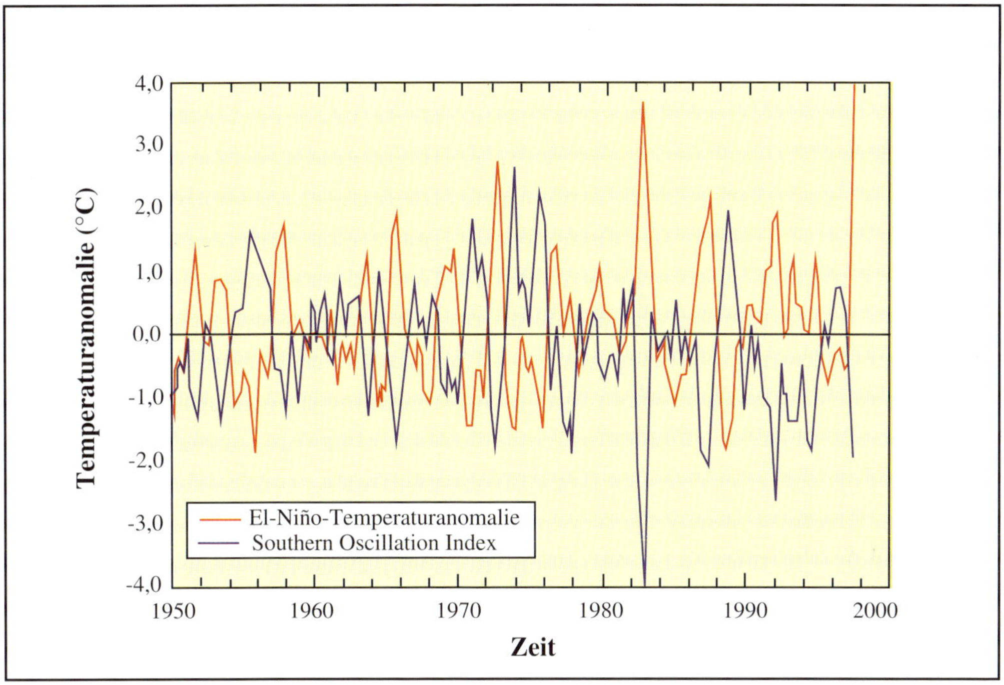

Abb. 6.12: Der Southern Oscillation Index und El Niño
(Quelle: MPI/DKRZ)

besonders stark auf, was zu einer Verringerung der Meeresoberflächentemperatur im Ostpazifik führt. Die Folge ist eine weitere Erhöhung des ostwestlichen Temperatur- und Druckgradienten, die wiederum die Passate und die Walker-Zirkulation intensiviert usw.[1]

Die entscheidende Frage für das Verständnis dieses Mechanismus lautet: Welche Prozesse bestimmen den Phasenumschwung des gekoppelten Ozean-Atmosphäre-Systems? Eine begrenzte Antwort ist in der jüngeren Forschung in den besonderen, schnell wandernden äquatorialen ozeanischen Wellenformen, den Kelvin- und Rossbywellen, gefunden worden. Die Abschwächung der Passatwinde im Vorlauf eines El-Niño-Ereignisses führt zum Abbau des Warmwasserstaus am pazifischen Westrand. Der erhöhte Meeresspiegel pflanzt sich dabei als sogenannte Kelvinwelle nach Osten fort, verfrachtet Warmwasser entlang des Äquators ostwärts und reduziert den Auftrieb von kaltem Wasser vor der peruanischen Küste.

Die zuvor sehr hoch liegende Thermokline wird nach unten verlagert. Die durch die Verringerung des Temperatur- und Druckgegensatzes verursachte weitere Abschwächung der Passate löst dann im westlichen Pazifik sogenannte Rossbywellen aus, die relativ kaltes Wasser an die Oberfläche gelangen lassen. Sie wandern nach Westen und werden am Westrand des Pazifik als Kelvinwellen reflektiert. Diese Kelvinwellen transportieren jetzt relativ kaltes Was-

[1] Dieser Mechanismus wurde zuerst beschrieben von BJERKNES, J. (1966): A possible response of the atmopheric Hadley Cir-culation to equatorial anomalies of ocean temperature; Tellus, 18, 820–829,

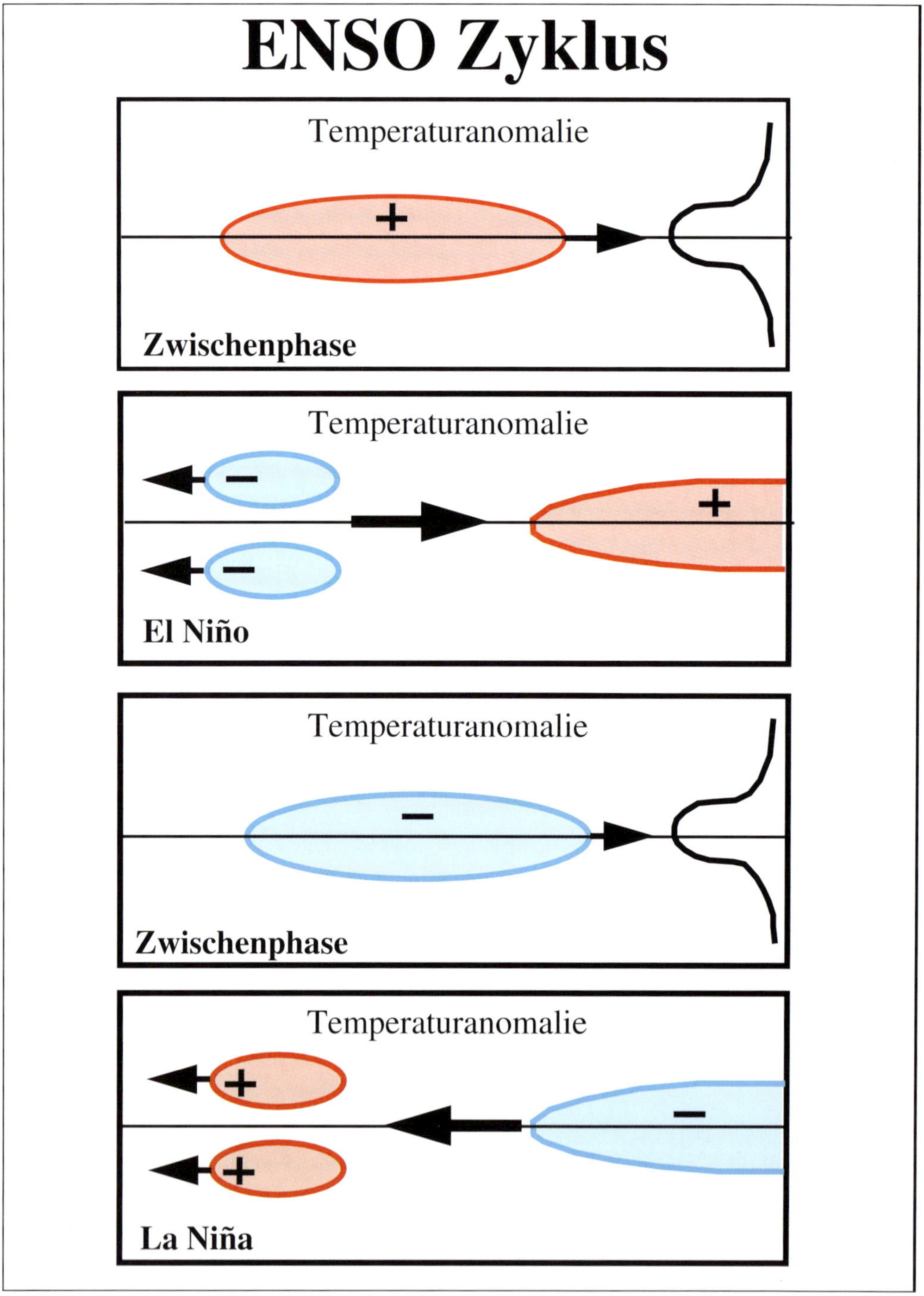

Abb. 6.13: Temperaturanomalien durch Kelvin- und Rossbywellen
(Quelle: MPI/DKRZ)

ser. Sie erreichen mit einer gewissen Zeitverzögerung den Ostpazifik und verstärken den Auftrieb kalten Wassers, womit eine La Niña eingeleitet wird. Die jetzt wiederum veränderten Windverhältnisse mit erneut verstärkten Ostwinden erzeugen im westlichen Pazifik warme Rossbywellen, die nach Westen driften, dort reflektiert werden und einen neuen El Niño einleiten. Trotz des erweiterten Verständnisses der Vorgänge, die zu einem El Niño führen, bleibt die Frage nach dem auslösenden Mechanismus dieses zyklischen Prozesses offen.

Das derzeitige Verständnis des El-Niño-Mechanismus macht eine Vorhersage dieses Ereignisses für beschränkte Zeit möglich, was für die von den Folgen betroffenen Regionen von großer praktischer Bedeutung ist. Die für ENSO-Vorhersagen verwendeten gekoppelten Ozean-Atmosphäre-Modelle erlauben es recht gut, die Anomalie der Meeresoberflächentemperatur im Ostpazifik bis zu einem Jahr im voraus zu bestimmen.[1]

El Niño und der anthropogene Treibhauseffekt

Beobachtungen der Meeresoberflächentemperaturen im äquatorialen Pazifik über die letzten 100 Jahre zeigen, dass sich die El-Niño-Ereignisse besonders in den letzten Jahrzehnten verstärkt haben. So wurde etwa der „Jahrhundert“-El-Niño von 1982/83 noch von dem El Niño 1997/98 übertroffen. Außerdem haben sich El-Niño-Situationen in den 90er Jahren gehäuft. Das hat die Frage entstehen lassen, ob und wie der anthropogene Treibhauseffekt das ENSO-Phänomen beeinflusst. Die bisherigen Berechnungen mit Klimamodellen an unterschiedlichen Forschungsinstituten weisen hierzu kein eindeutiges Ergebnis auf. In einigen Fällen zeigt die Oberflächentemperatur des Pazifiks eine El-Niño-artige Erwärmung und die Intensität der El-Niño-Ereignisse verstärkt sich durch die zu erwartende Temperaturerhöhung im nächsten Jahrhundert.[2] Nach anderen Modellrechnungen zeigt das El-Niño-Phänomen keine signifikanten Veränderungen durch den anthropogenen Treibhauseffekt.[3]

---

1 Oberhuber, J.M. et al.(1998): Predicting the '97 El Niño event with a global climate model; Geophysical Reseach Letters, 25, No.13, 2273–2276

2 Timmermann, A. et al. (1999): Increased El Niño frequency in a climate model forced by future greenhouse warming, nature, 398, 694–696;

3 Knutson, T.R. et al. (1997): Simulated ENSO in a global coupled ocean-atmosphere model: Multidecadal amplitude modu-lation and CO-sensitivity, J.Climate, 10, 138–161

7. Klimamodelle

7.1 Wozu Klimamodelle?

Immanuel Kant feierte als Kind der Aufklärung die Experimente eines Galilei oder Torricelli als Beleg für eine Erkenntniswende, da sie die Natur nötigten, auf die Fragen der menschlichen Vernunft zu antworten.[1] Eineinhalb Jahrhunderte später hat sich für Günther Anders die Bewertung von Experimenten mit der Natur in das Gegenteil verkehrt.[2] Das Experiment – Anders denkt hier in erster Linie an die Versuche mit der Atombombe, Hans Jonas argumentiert später ähnlich in Bezug auf die Gentechnologie[3] – habe die frühere Insularität des Probefeldes, die abgedichtete Mikro-Welt innerhalb der Welt, verlassen und sei zum Ernstfall geworden: „Was man «Experimente» nennt, sind also Stücke unserer Wirklichkeit, unserer geschichtlichen Wirklichkeit.“[4]

Von vielen Klimaforschern wird gegenwärtig auch die menschliche Veränderung des globalen Klimas als ein Experiment mit der Atmosphäre der Erde verstanden.[5] Dass es sich hier nicht um ein Experiment im Sinne Kants handelt, liegt auf der Hand. Das Experimentierfeld ist nicht irgendein nach außen abgeschirmtes Labor, sondern der gesamte Lebensraum des Menschen, und es sind nicht einzelne Forscher, die den Treibhaus-Versuch mit der Atmosphäre durchführen und ihn auch lassen könnten, wenn sie ihre Forscherneugier zügeln würden, sondern es ist die gesamte Menschheit, die dieses Experiment betreibt. Daher hat das Klima-Experiment mit dem Anders'schen Experiment gemeinsam, dass es ein Stück Wirklichkeit ist, dass es sich auch bei ihm eigentlich nicht mehr um ein Experiment im ursprünglichen Sinne handelt, sondern um den Ernstfall. Im Gegensatz zu den Atombombenversuchen der letzten Jahrzehnte wird über das Klima-Experiment jedoch nicht von militärischen und politischen Apparaten einzelner Staaten entschieden. Es ist vielmehr nicht gewolltes Resultat der globalen menschlichen Lebens- und Wirtschaftsweise und daher noch in einem viel umfassenderen Sinne als ein Nuklearexperiment Teil unserer (Lebens-)Wirklichkeit.

Aus zwei Gründen ist es trotzdem nicht verfehlt, hier von einem Experiment zu reden: 1. wissen inzwischen die meisten Akteure um ihr Tun, und 2. lässt sich der Ausgang des Treibhausversuchs zwar erahnen, aber nicht mit Gewissheit vorhersagen. In dieser Situation gibt es für die Akteure zwei Möglichkeiten:

- Sie warten ab, was bei dem globalen geophysikalischen Experiment mit der Erde herauskommt.
- Sie führen denselben Versuch im „Kleinen“ durch.

---

1 Kant, I. (1956): Kritik der reinen Vernunft, Würzburg, S. 17 f. (zuerst erschienen 1781)

2 Anders, G. (1956): Die Antiquiertheit des Menschen. Bd. 1, München, S. 259 ff.

3 Jonas, H. (1985): Technik, Medizin und Ethik, Frankfurt a.M., S. 166 f.

4 Anders, G. (1956): Die Antiquiertheit des Menschen. Bd. 1, München, S. 261

5 Sehr früh die Einschätzung von Revelle, R. und H.E. Süss (1957): Carbon dioxide exchange between atmosphere and ocean and the question of an increase of atmospheric CO_2 during past and present decades. Tellus 9, S. 18–27; außerdem Schönwiese, C-D. (1997): Der Treibhauseffekt ist kein Märchen, Frankfurter Rundschau 3.8.1997; Trenberth, K.E. (1997): The use and abuse of climate models, nature 386, 13.3.97, S. 131

6 Inzwischen werden auch Atombombenexperimente und ihre Auswirkungen auf das Klima, auf Städte und Menschenleben im Modell simuliert. Zuletzt haben die französischen Versuche 1996 auf dem Mururoa-Atoll der Welt den „Ernstfall“ solcher Experimente vor Augen geführt.

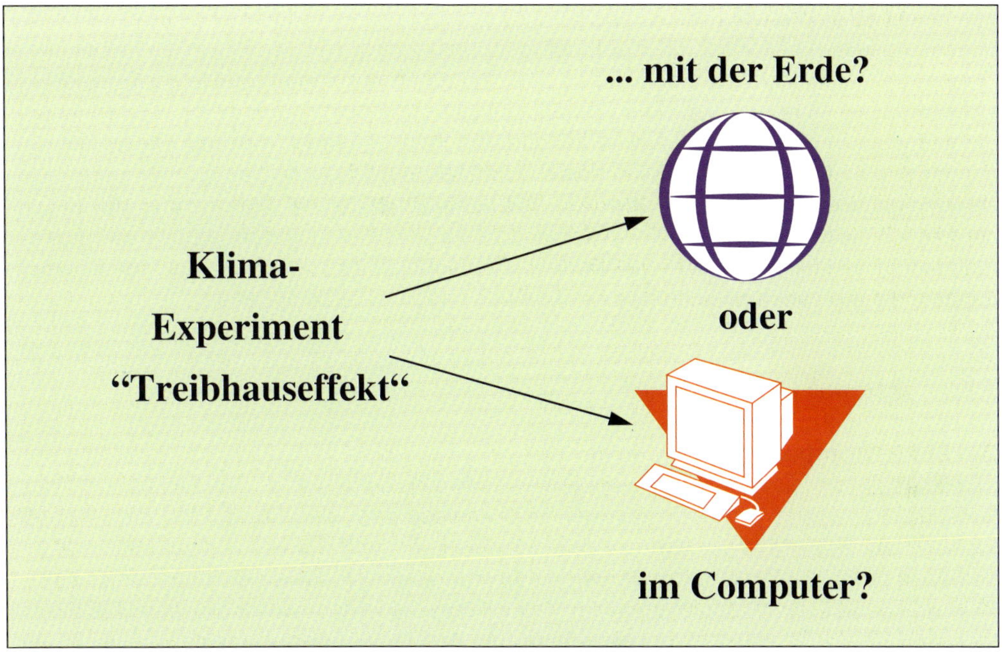

Abb. 7.1: Alternativen für das Klima-Experiment „Treibhauseffekt“

Die erste Möglichkeit ist angesichts der potentiellen Folgen des Treibhauseffekts wie Meeresspiegelanstieg, Klimazonenverschiebung, Ernteausfälle, Umweltflüchtlinge, Ausbreitung von Krankheiten usw. ein Weg mit hohem Risikopotential und ein irreversibler Weg. Die wahrscheinlich zu erwartende Klimaänderung ist historisch und paläontologisch unvergleichlich, so dass Daten der Vergangenheit sich für die Vorhersage der möglichen Klimaänderung nicht verwerten lassen. Ein Experiment mit den globalen Lebensgrundlagen der Menschheit bei ungewissem Ausgang ist daher nicht zu verantworten.

Da in keinem Labor die Komplexität des Klimasystems herstellbar ist und uns keine zweite Erde zur Verfügung steht, bleibt nur, das Experiment in Computer gestützten Modellen zu simulieren. Klimamodelle sind eine Notlösung, die es erlaubt, den Ausgang des Experiments, das wir unbeabsichtigt in der Realität in Gang gesetzt haben, in der Welt der Modelle vorwegzunehmen.[6] Aufgrund der Komplexität und Nichtlinearität des Klimasystems können solche Modelle nur mit Hilfe der leistungsfähigsten Computer erfolgversprechende Prognosen über den Ausgang des Klima-Experiments machen.

Durch menschliches Handeln bedingte Veränderungen des Klimas lassen sich nur bestimmen, wenn die natürliche Variabilität des Klimasystems abgeschätzt werden kann. Da das Klima von Natur aus sowohl variierenden externen Einflüssen – durch eine nichtkonstante Sonneneinstrahlung wie durch die Folgen von Vulkanausbrüchen – als auch einer internen Variabilität, z. B. durch die Wechselwirkungen zwischen Ozean und Atmosphäre, unterliegt, kann der anthropogene Klimawandel nur erkannt werden, wenn über die natürlichen Schwankungen des Klimasystems hinreichend klare Einsichten bestehen. Auch zum Erlangen dieser Einsichten sind Klimamodelle ein unverzichtbares Hilfsmittel geworden. Da Beobachtungsdaten historisch oft nicht weit genug zurückreichen und räumlich selbst in der Gegenwart immer noch sehr lückenhaft sind, erlauben nur Klimamodelle die Entwicklung systematischer Vorstellungen über das Klimasystem und seine natürlichen Veränderungen, die sich aber immer an den Beobachtungsdaten messen lassen müssen. Selbst bei dem durch Beobachtungen am besten erfassten Klimafaktor der bodennahen Lufttemperatur lassen sich globale Mittelwerte nur über 100–150 Jahre zurückreichend bilden und gibt es auch heute noch weiße Flecken auf dem Globus. Unsere Vorstellungen über andere wichtige Klimafaktoren, wie die ozeanische Zirkulation, stammen fast ausschließlich aus Modellberechnungen, die nur punktuell durch Beobachtungen gestützt werden können.

7.2 Was sind Klimamodelle?

Die Modellkomponenten

Klimamodelle simulieren das Klimasystem und seine Veränderungen. Das Klimasystem setzt sich aus einer Reihe von Subsystemen – der Atmosphäre, dem Ozean und dem Wasserkreislauf, der Biosphäre auf dem Land und im Meer, Eis und Schnee – zusammen, die, angetrieben durch die Energie der Sonne, auf höchst komplexe Weise aufeinander einwirken. Was eine Simulation dieses Systems im Modell so schwierig macht, sind einerseits die unterschiedlichen Zeitskalen, auf denen die Komponenten des Klimasystems sich verändern, und andererseits die Rückkopplungsprozesse zwischen den miteinander agierenden Klimafaktoren. Die Zeitskalen der internen Variabilität des Klimasystems reichen von Stunden (Wettererscheinungen) über Monate (Oberflächenströmungen der Ozeane) bis hin zu Jahrhunderten und Jahrtausenden (ozeanische Tiefenströmungen, Landeisgebiete). Rückkopplungen können die interne Variabilität des Klimas dämpfen (negative Rückkopplungsprozesse) oder verstärken (positive Rückkopplungsprozesse). Ein Beispiel für negative Rückkopplung ist das verstärkte Pflanzenwachstum durch eine Erhöhung der Kohlendioxid-Konzentration in der Atmosphäre und durch die damit verbundene Erwärmung. Eine größere Pflanzenmasse vermag mehr CO_2 durch Photosynthese aus der Atmosphäre aufzunehmen und wirkt damit einer weiteren Erwärmung entgegen. Ein Beispiel für eine positive Rückkopplung ist das Abschmelzen von Schnee durch Erwärmung, wodurch weniger Sonnenstrahlung reflektiert und mehr am Erdboden absorbiert und als fühlbare Wärme abgegeben wird, was die Temperatur weiter erhöht. Klimamodelle versuchen dieses komplexe dynamische System in mathematischen Gleichungen zu beschreiben, die auf physikalischen Gesetzen basieren. Auf diese Weise entsteht ein „Modellklima“, in dem die dreidimensionale Zirkulation der Atmosphäre und des Ozeans mit dem Transport von Wärme, Impuls (Wind, Meeresströmung), Feuchtigkeit (in der Atmosphäre), Salzgehalt (im Ozean) und anderen Faktoren auf der rotierenden Erde simuliert wird. Dabei müssen die unterschiedlich schnell sich verändernden Komponenten des Klimasystems miteinander gekoppelt und positive und negative Rückkopplungsprozesse realistisch dargestellt werden.

Zur Untersuchung von Klimaveränderungen simulieren Klimamodelle meistens nur die beiden wichtigsten Teilsysteme des Klimasystems, die Atmosphäre und den Ozean. Die anderen Subsysteme werden bei besonderen Fragestellungen wie etwa der nach dem Kohlenstoffkreislauf herangezogen. Frühere Modelle haben sich darauf beschränkt, den Ozean nur durch die obere 50 m tiefe Mischungsschicht darzustellen. Diese sogenannten „mixed

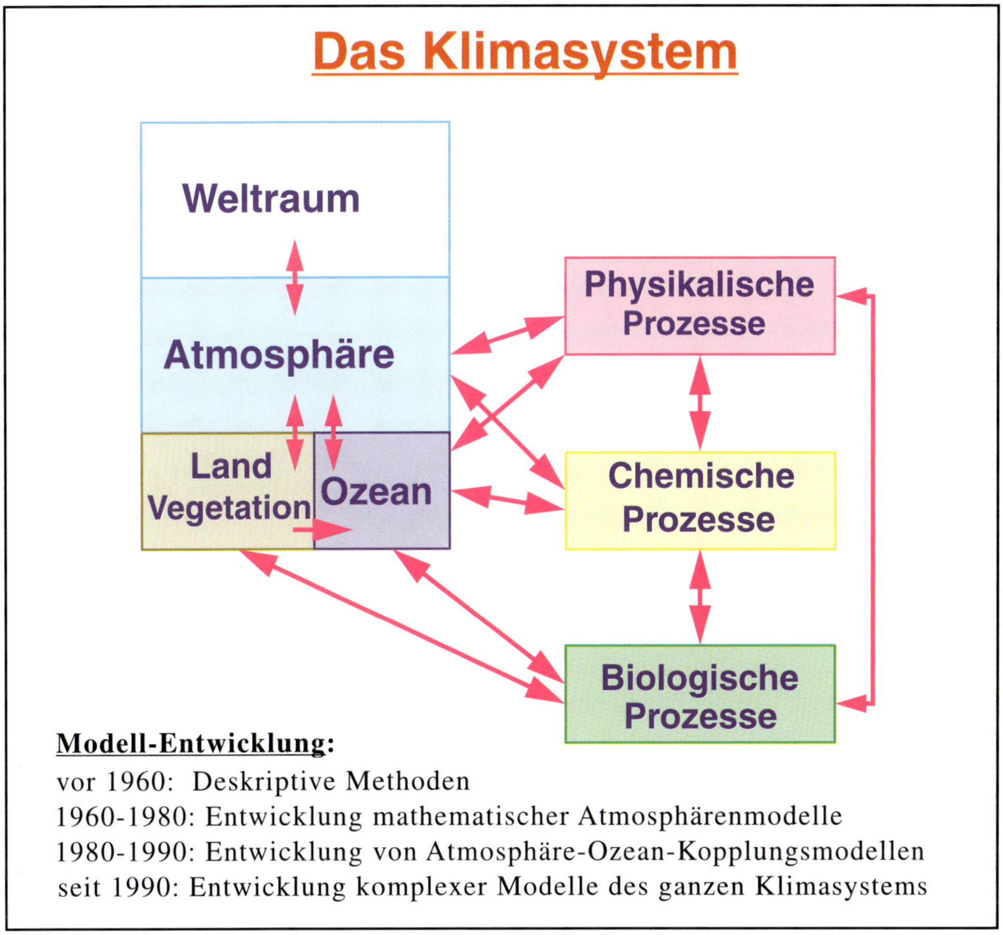

Abb. 7.2: Das Klimasystem im Modell
(Quelle: MPI/DKRZ)

layer"-Modelle waren nicht in der Lage, Veränderungen der ozeanischen Zirkulation bei einer Klimaänderung zu erfassen. Der horizontale Wärmetransport im Ozean und die Wärme-, aber auch die Kohlendioxidspeicherung in den tieferen Schichten des Ozeans sind jedoch bei einem sich wandelnden Klima von herausragender Bedeutung.

Heutige Modelle bestehen aus einem globalen Ozean- und einem globalen Atmosphären-Modell, die miteinander gekoppelt werden. Man spricht daher von globalen gekoppelten Ozean-Atmosphären-Modellen (in der englischsprachigen Fachliteratur werden die Abkürzungen AGCM für Atmospheric General Circulation Model, OGCM für Oceanic General Circulation Model und CGCM für Coupled General Circulation Model benutzt). Bei den gekoppelten Modellen werden Ozean- und Atmosphären-Modelle zunächst getrennt zum Laufen gebracht, bis das jeweilige Modellklima einen Gleichgewichtszustand erreicht hat, und dann miteinander gekoppelt. Dabei brauchen die Atmosphären-Modelle von vornherein die ozeanische Oberflächentemperatur als untere Randbedingung, die Ozean-Modelle den Energie-

und Frischwasserfluss sowie den Windschub (Impulsfluss) als Randbedingungen von der Atmosphäre, die jeweils der Beobachtung entnommen werden. Bei der Kopplung werden z. B. am Deutschen Klimarechenzentrum in Hamburg (andere Institute gehen ähnlich vor) die Daten des Ozean-Modells dem Atmosphäremodell in Zeitschritten von 45 Minuten, die des Atmosphären-Modells dem Ozean-Modell in Zeitschritten von 24 Stunden mitgeteilt, entsprechend den verschiedenen Rechenschritten bei der sich schnell verändernden Atmosphäre und dem trägen Ozean.

Räumliche Auflösung

Global

In Klimamodellen können nicht jedes Luft- und jedes Wasserteilchen an jedem Punkt der Erde repräsentiert werden. Daher wird die Erde mit einem dreidimensionalen Gitter überzogen und nur für die Dynamik an den Gitterpunkten Gleichungen erstellt. Wie gut auf diese Weise das wirkliche Klima simuliert wird, hängt von der Maschenweite des Gitternetzes ab, die wiederum eine Folge der verfügbaren Computerleistung ist. Heutige Modelle besitzen eine horizontale Auflösung von 500 km, z. T. auch von 250 km. Der horizontale Abstand der Gitterpunkte von 500 km entspricht 5,6° im Gaußschen Gitternetz, der von 250 km entspricht 2,8°. Da man für die Berechnung der atmosphärischen Strömungsschwankungen mindestens vier Gitterpunkte braucht, ist die Auflösung im Endeffekt gröber als der Gitterpunkteabstand. Kleinräumige physikalische Prozesse, die von der Maschenweite des Gitternetzes nicht erfasst werden, müssen parametrisiert werden, d.h. es werden aus den Eigenschaften physikalischer Parameter an den Gitterknoten wie Temperatur, Luftdruck, Feuchtigkeit usw. für diese Prozesse Mittelwerte abgeleitet. Das gilt in der Atmosphäre besonders für die Wolkenbildung und im Ozean für Strömungswirbel. In der Vertikalen enthalten die Modelle für die Atmosphäre 19 übereinanderliegende Schichten, die bis in eine Höhe von 10 hPa (ca. 30 km Höhe) reichen, für den Ozean 11 Schichten bis in eine Tiefe von 5000 m, d. h. bis zum Tiefseeboden (das gilt im Einzelnen ebenfalls für das Hamburger Klimamodell).

Abb. 7.3 zeigt verschiedene Modellauflösungen für Europa und den Nordatlantik. Die beiden oberen Darstellungen zeigen typische Auflösungen in heutigen Klimamodellen mit ca. 500 km (T21) und ca. 250 km (T42) Gitterabstand. T21 stellt die Umrisse der Kontinente nur sehr grob dar; das regionale Klima lässt sich mit dieser Auflösung nicht, aber auch mit den T42-Modellen nur begrenzt berechnen. Eine höhere Auflösung als in Klimamodellen wird in der Wettervorhersage benutzt (T63 und T106). Wettervorhersage-Modelle sind die Vorläufer vieler heutiger Klimamodelle. Sie berechnen jedoch nur den Ablauf von Prozessen bis zu zwei Wochen. Die theoretische Grenze der Vorhersagbarkeit von Wettererscheinungen liegt bei höchstens zwei Wochen, da das Wetter ein chaotisches System darstellt; d. h. kleine Unsicherheiten in den Anfangsbedingungen können über einen längeren Zeitraum zu starken Veränderungen im Ergebnis führen. Klimamodelle berechnen dagegen statistische Durchschnittswerte und die Änderung dieser Werte bei sich wandelnden Rahmenbedingungen (z. B. einem Anstieg der CO_2-Konzentration) über Zeiträume von Jahrzehnten bis Jahrhunderten für die Erde als Ganzes oder für Großräume wie Kontinente oder Ozeane. Solche Mittelwerte sind über einen längeren Zeitraum prognostizierbar als Wettererscheinungen in einer bestimmten Region. Wettervorhersagen sind deterministische Vorhersagen, d. h. sie betreffen bestimmte Ereignisse an einem bestimmten Ort und zu einer bestimmten Zeit. Kli-

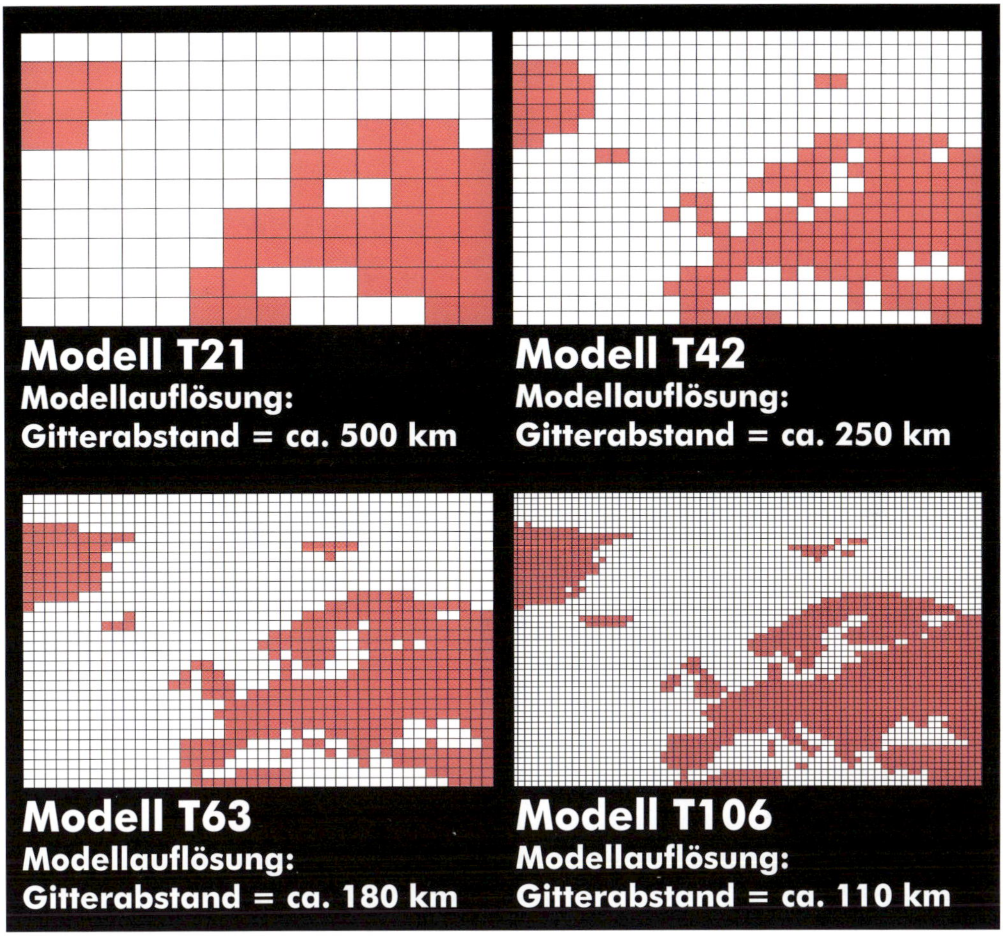

Abb. 7.3: Europa und der Nordatlantik bei unterschiedlicher Modellauflösung
(Quelle: MPI/DKRZ)

maprognosen sind davon qualitativ unterschieden, sie können nur mittlere Zustände wie die mittlere Temperatur für Januar in dem Zeitraum 2010 bis 2020 oder das durchschnittliche Vorkommen von Extremereignissen über einen längeren Zeitraum vorhersagen.

Regional

Globale Vorhersagen sagen wenig über die Klimaänderungen in Staaten oder Regionen aus. Realistische regionale und lokale Klimaprognosen sind jedoch für eine Abschätzung von Klimafolgen unerlässlich. Von besonderer Bedeutung ist in diesem Zusammenhang die Simulation von extremen Wetterereignissen. Das erfordert eine möglichst genaue Wiedergabe der Land-Meer-Verteilung und eine detaillierte Orographie. Die heutigen globalen gekoppelten Ozean-Atmosphären-Modelle besitzten für regionale und lokale Prognosen, die eine Auflösung von deutlich unter 100 km erfordern, immer noch eine zu große Maschenweite. Da allein eine Verdopplung der horizontalen Auflösung eine achtfache Steigerung des erforderli-

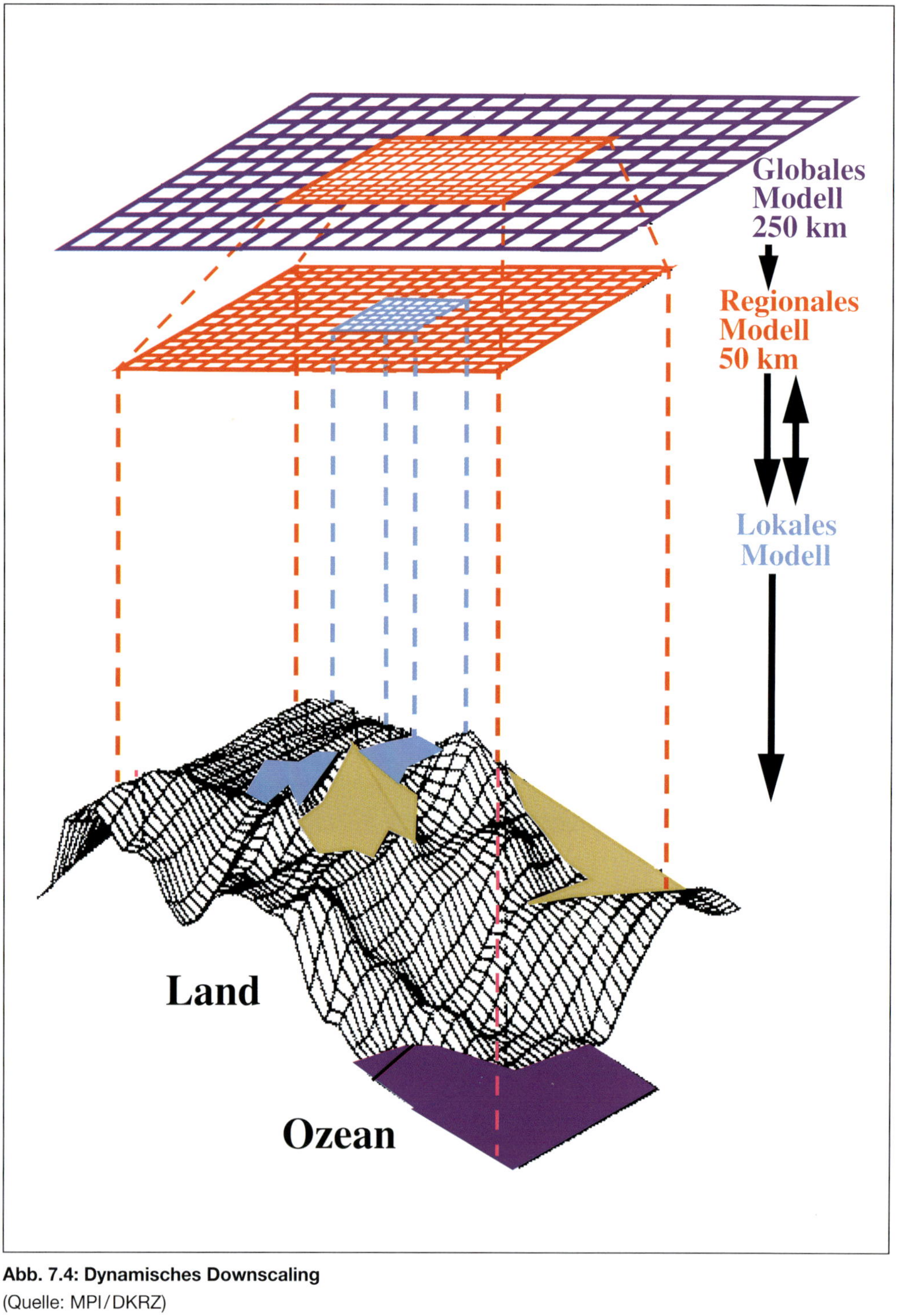

Abb. 7.4: Dynamisches Downscaling
(Quelle: MPI/DKRZ)

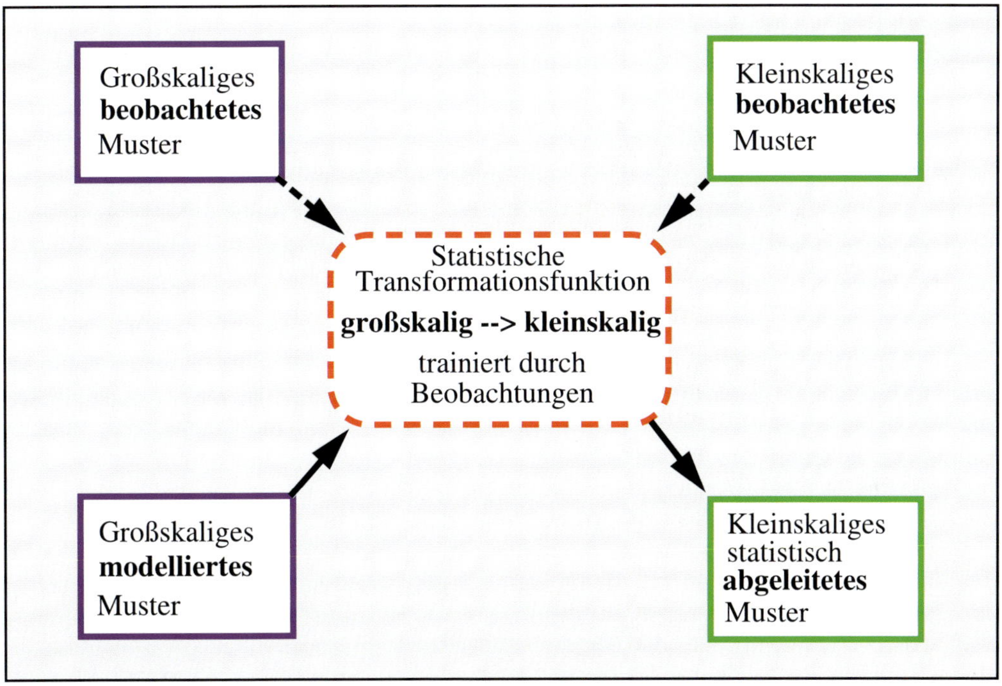

Abb. 7.5: Schematische Darstellung des statistischen Downscaling
(Quelle: MPI/DKRZ)

chen Rechenaufwandes bedeutet, sind hier aus Kostengründen und von der Computerleistung her Grenzen gesetzt. Die Modellentwicklung hat darauf mit der sog. Downscaling-Methode reagiert, bei der sich zwei Varianten, das dynamische und das statistische Downscaling, unterscheiden lassen.

Beim dynamischen Downscaling werden hochauflösende Modelle für einzelne Regionen in ein grobes globales Modell eingebettet. So wird in ein globales T42-Modell mit einer Maschenweite von ca. 250 km für eine bestimmte Region und meistens auch für eine begrenzte Vorhersage-Zeit (z.B. 10 oder 5 Jahre) ein Regional-Modell mit 50 km Gitterabstand (T106) eingebettet, das die Daten des globalen Modells als Randbedingungen verwendet.[1] In das Regional-Modell kann dann nach dem gleichen Prinzip noch ein lokales Modell eingefügt werden.

Das statistische Downscaling besteht aus zwei Stufen. Zunächst wird eine statistische Beziehung zwischen regionalen bzw. lokalen Klimavariablen, z.B. Temperatur und Niederschlag, und großräumigen Bedingungen aus der Beobachtung abgeleitet. Dann werden solche Beziehungen auf die Ergebnisse der global gekoppelten Modelle angewandt, um regionale und lokale Klimaeigenschaften für den vorhergesagten Zeitraum zu diagnostizieren.

---

[1] Cubasch, U. et al. (1996): Estimates of climate change in Southern Europe using different downscaling techniques, Climate Research, 7, 129–149; Machenhauer, B. et al. (1996): Validation of present-day regional climate simulations over Europe, MPI-Report 191, S. 5

7.3 Anwendung und Ergebnisse

Die Öffentlichkeit erwartet heute von Klimamodellen vor allem, dass sie die Veränderung des Klimas durch den Menschen für das nächste Jahrhundert prognostizieren. Nicht weniger wichtig ist es jedoch, das Klima der Gegenwart und der Vergangenheit zu simulieren. Zum einen sind Modell-Prognosen nur dann glaubwürdig, wenn es gelingt, mit denselben Modellen das gegenwärtige Klima hinreichend wiederzugeben. Und zum anderen kann ein menschlicher Einfluss auf das Klima nur nachgewiesen werden, wenn das natürliche Klima und seine Schwankungen hinreichend verstanden und vom Modell dargestellt werden können.

Das gegenwärtige Klima

Bei der Simulation des Gegenwartsklimas, d. h. des Klimas im 20. Jahrhundert, interessiert vor allem, wie gut die durch Beobachtungen recht genau erfassten Klimaänderungen im Modell wiedergegeben werden. Da im 20. Jahrhundert bereits wichtige Klimafaktoren, nämlich die atmosphärische Konzentration der Treibhausgase, durch den Menschen nachweislich verändert worden sind, werden diese Änderungen gemäß den Beobachtungen in die Modelle eingegeben. Das Modell berechnet, beginnend z. B. mit dem Jahr 1985 oder 1935 oder – in jüngster Zeit – 1860, die Auswirkungen auf das globale und regionale Klima. Eine gute Übereinstimmung mit den beobachteten Werten belegt nicht nur die Qualität der Klimamodelle, sondern auch die Wahrscheinlichkeit eines menschlichen Einflusses auf das Klima. Durch die Einbeziehung der Sulfat-Aerosole ist seit ca. 1994 die Übereinstimmung zwischen Modellergebnissen und der beobachteten Klimaänderung in den letzten Jahrzehnten – auch in ihrer regionalen Differenzierung – deutlich erhöht worden. So geben die Modelle nicht nur die Veränderung der globalen Durchschnittstemperatur realistisch wieder, sonden auch regionale Varianten wie etwa eine stärkere Erwärmung im Winter auf den Kontinenten der Nordhalbkugel in höheren Breiten (besonders über Alaska und Sibirien), eine leichte Abkühlung im Nordatlantik oder die Abkühlung der unteren Stratosphäre.

Die natürliche Klimavariabilität

Eine wesentliche Schwierigkeit, den menschlichen Einfluss auf das Klima bereits heute festzustellen, besteht in der geringen Kenntnis der natürlichen Klimavariabilität, der die antropogenen Veränderungen hinzugefügt werden. Die Ableitung der natürlichen Klimaschwankungen kann sich zwar auf Beobachtungen stützen, ist jedoch wegen der in der Regel zu kurzen Zeitreihen der historischen Daten nur sehr begrenzt möglich. Deshalb ist es nötig, Klimamodelle bei der Untersuchung der natürlichen Variabilität zu Hilfe zu nehmen. Nur durch gekoppelte Klimasystem-Modelle, so die Überzeugung in der Forschung, können wir ein wissenschaftliches Verständnis des Klimas und seiner Veränderungen erlangen.[1]

In der Modell-Welt lassen sich Kontrollexperimente ohne anthropogenen Antrieb über Jahrzehnte und Jahrhunderte durchführen. Daraus ergeben sich wichtige Informationen über Muster, Zeitskalen und Ausmaß der internen natürlichen Variabilität des Klimas. Langzeitmodelle erlauben es, die natürliche Variabilität des Klimasystems abzuschätzen, die aus der internen Instabilität des Ozean-Atmosphäre-Systems stammt. So wurden Schwankungen der thermohalinen Zirkulation in Zeitbereichen von Jahrhunderten und Dekaden festgestellt. Andere Modellläufe simulierten zuverlässig das El-Niño-Phänomen, das sich im Mittel alle vier Jahre wiederholt.

[1] Houghton, J.T. et al. (1996): Climate Change 1995. The Science of Climate Change, Cambridge, S. 274

Mit Hilfe von Modellen konnten aber auch die Auswirkungen von externen Antrieben auf das Klimasystem untersucht werden. So wurden nach vorliegenden Abschätzungen der Schwankung der Solarkonstanten seit 1700 die daraus resultierende Variabilität der globalen Durchschnittstemperatur berechnet.[2] Andere Modelle reproduzierten die Abkühlung durch den Ausbruch des Mt. Pinatubo im Juni 1991.[3]

Das künftige Klima

Die Berechnung des zukünftigen Klimas mit Hilfe von Modellen muss notwendigerweise auf eine Reihe von Voraussetzungen zurückgreifen, die nicht Gegenstand der Klimamodellierung sind. Diese Voraussetzungen betreffen die Entwicklung der atmosphärischen Konzentration der Treibhausgase. Hierfür hat der IPCC Szenarien aufgestellt, auf die sich Klimaprognosen in der Regel stützen. Die Szenarien unterscheiden eine Entwicklung, die die gegenwärtige Tendenz bei der Emission von Treibhausgasen in die Zukunft fortschreibt (IS92a; „weiter wie bisher" bzw. „business as usual") und die als die wahrscheinlichste angesehen wird, von Entwicklungen, die von drastischen Einschränkungen im Energieverbrauch bzw. einer deutlichen Zunahme der heutigen Steigerungsraten ausgehen. Diese Szenarien beruhen selber wiederum auf Annahmen über die Entwicklung der globalen Bevölkerung, des weltweiten Wirtschaftswachstums, der Energiepreise und des Energiemixes.

7.4 Probleme von Klimamodellen

Die Flusskorrektur

Ozean und Atmosphäre interagieren durch Flüsse von Wärme, Impuls und Frischwasser. Im jahreszeitlichen Rhythmus wird der Ozean im Sommer erwärmt und gibt im Winter Wärme ab. Wärme und Frischwasserfluss kontrollieren außerdem die thermohaline Zirkulation des Ozeans, die für den polwärtigen Transport von Wärme und Salz sorgt.

Sowohl Ozean- wie Atmosphärenmodelle produzieren systematische Fehler, die z. T. mit der Parametrisierung von Prozessen unterhalb der Maschenweite der Modellgitter zusammenhängen. Unabhängig davon erzeugt auch das Koppeln eines Ozean- und eines Atmosphärenmodells systematische Fehler, die dazu führen, dass das Modellklima in einen unrealistischen Zustand abdriftet. Solange die Modelle getrennt laufen, werden die Randbedingungen des jeweils anderen Systems (des Ozeans bzw. der Atmosphäre) aus Beobachtungsdaten abgeleitet. Mit der Kopplung werden die Beobachtungsdaten durch die Daten des jeweils anderen Modells ersetzt. Dabei entstehen Fehler, die zu deutlichen Abweichungen vom beobachteten Klima führen können. So kann z. B. ein relativ kleiner Irrtum von +/-5 W/m^2 (eine genauere Beobachtung ist nicht möglich) bei der Abschätzung des Strahlungseinflusses von Wolken zu einem relativ großen Fehler bei der Simulation des jährlichen Durchschnitts des polwärtigen Wärmetransports führen.[4]

Dieses als „Klimadrift" bezeichnete Problem wird durch die sogenannte „Flusskorrektur" verringert. Dabei werden Wärme- und Frischwasserfluss (z. T. auch der Windantrieb) von der

---

[2] Cubasch, U. et al. (1996): Simulation with an O-AGCM of the influence of variations of the solar constant on the global climate. Climate Dynamics, 13, 757–767

[3] Houghton, J.T. et al. (1996): Climate Change 1995. The Science of Climate Change, Cambridge, S. 257

[4] ebd., S. 237

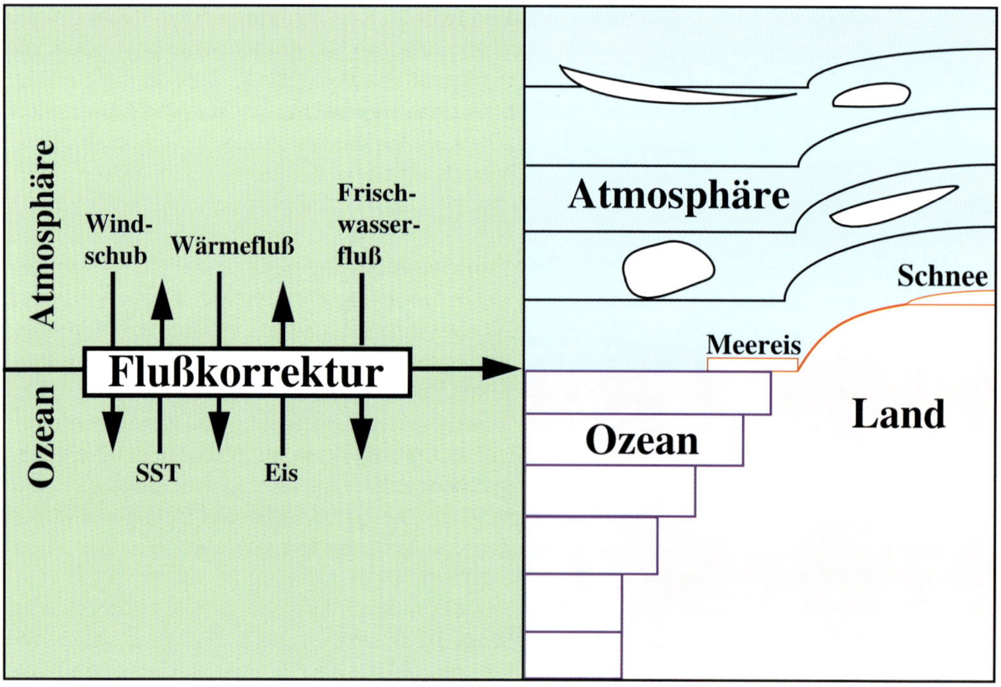

Abb. 7.6: Schematische Darstellung eines gekoppelten Ozean-Atmosphären-Modells mit Flusskorrektur[1]

Atmosphäre in den Ozean und der Wärmefluss vom Ozean in die Atmosphäre sowohl räumlich als auch zeitlich so „flusskorrigiert", dass eine Klimadrift nicht mehr auftritt. „Flusskorrektur" bedeutet nicht, dass die richtigen Flüsse, die man nicht kennt, in das Modell eingegeben werden. Die Flusskorrektur wird aus dem Unterschied zwischen den Flüssen des Modells und denen, die erforderlich sind, um das Modellklima dem wirklichen Klima anzupassen, abgeleitet, so dass nicht der mittlere Zustand wiedergegeben wird, sondern die Schwankungen, an denen man in Wirklichkeit interessiert ist. Eine Klimaänderung zählt hierbei als Schwankung.

Das Kaltstart-Problem

Eine weitere Unsicherheit in der Bestimmung zeitabhängiger Klimaänderungen mit einem gekoppelten Ozean-Atmosphäre-Modell liegt in dem sogenannten Kaltstart-Problem. Die meisten früheren Modellexperimente zur Klimaprognose für das 21. Jahrhundert wurden in der Gegenwart, z. B. im Jahre 1985, gestartet. Dabei wurden die Anfangsbedingungen so gewählt, als seien Atmosphäre und Ozean im Gleichgewicht mit der gegenwärtigen Konzentration der Treibhausgase, d.h. dass bei unveränderten Randbedingungen keine Änderung des mittleren Zustands mehr eintritt. Da es keine hinreichenden Datensätze über den gegenwärtigen Zustand des Ozeans gibt, wird der Ozean im Modell mit den aktuellen Bedin-

---

[1] Nach: Cubasch, U. (1994): Dynamsch-stochastische Vorhersage-Experimente mit Modellen der allgemeinen Zirkulation für einen Zeitraum von 10 Tagen bis 100 Jahren, Max-Planck-Institut für Meteorologie, Examensarbeit Nr.19, Hamburg, S. 27

gungen bis zu einem Gleichgewichtszustand angetrieben. Dadurch wurde die Spätwirkung der zunehmenden Treibhausgaskonzentration vom Beginn der Industrialisierung (ca. 1750) bis zur Gegenwart nicht berücksichtigt. Frühere Erwärmungen des mittleren und tiefen Ozeans, die erst nach Jahrzehnten an die Atmosphäre zurückgegeben werden, konnten so nicht erfasst werden. Dieser Fehler wirkt sich vor allem für die ersten Jahrzehnte einer Klimavorhersage aus und kann bis zu 0,5 °C ausmachen, d.h. dass in diesem Fall die Temperatur für die Mitte des nächsten Jahrhunderts um bis zu 0,5 °C zu niedrig berechnet wird.

Am DKRZ wurde bereits 1995 ein Experiment durchgeführt, das von der Treibhausgas-Konzentration des Jahres 1935 aus gestartet wurde. Gegenüber früheren Prognosen, die als Startpunkt 1985 gewählt hatten, wurde dadurch eine um 10 % höhere Temperatur für das Jahr 2085 ermittelt. Seit 1997 ist man in der Lage, Klimasimulationen für das 21. Jahrhundert schon mit den Bedingungen der Mitte des vorigen Jahrhunderts beginnen zu lassen. Da bis zu diesem Zeitpunkt aufgrund des niedrigen weltweiten Industrialisierungsgrades die Kohlendioxid-Konzentration in der Atmosphäre sich nur geringfügig erhöht hatte, ist in solchen Rechnungen das Kaltstart-Problem im wesentlichen gelöst.

Rückkopplungen

Das Flusskorrektur- und das Kaltstart-Problem beziehen sich auf Wechselwirkungen zwischen den beiden wichtigsten Subsystemen des Klimasystems, Ozean und Atmosphäre, die entweder das Modell nicht hinreichend in der Lage ist zu simulieren oder die nicht genügend verstanden und durch Daten belegt sind. Daneben gibt es weitere Wechselwirkungen zwischen anderen Subsystemen bzw. einzelnen Faktoren des Klimasystems, die der Klimamodellierung Probleme bereiten, da sie in schwer abschätzbaren Rückkopplungsbeziehungen stehen. So gibt es zwar Biosphärenmodelle, die aber nicht interaktiv in das gekoppelte Ozean-Atmosphären-Modell eingebaut sind, da das gegenwärtig noch zu viel Rechenzeit verschlingen würde.

Eines der größten Probleme für die Simulation der wirklichen Verhältnisse durch Klimamodelle stellen die Wolken dar. Wolken beeinflussen den Strahlungshaushalt der Atmosphäre erheblich. Sie haben sowohl einen Einfluss auf die kurzwellige Solarstrahlung wie auf die langwellige Wärmestrahlung und wirken damit sowohl abkühlend wie erwärmend. Niedrige Wolken besitzen in der Bilanz einen abkühlenden Einfluss, da bei ihnen die Reflexion der Solarstrahlung die Absorption der Wärmestrahlen überwiegt. Höhere Cirruswolken lassen dagegen die Sonnenstrahlen weitgehend durch, absorbieren und emittieren jedoch die langwelligen Wärmestrahlen. Die durch die Wolken veränderten Temperaturverhältnisse in der Atmosphäre beeinflussen aber wiederum die Wolkenbildung. Derartige Wolken-Strahlungs-Rückkopplungseffekte, die durch die starke und kleinräumliche Veränderbarkeit der Wolken erheblichen Schwankungen unterliegen, sind nur begrenzt verstanden und in Klimamodellen direkt nicht abbildbar. Man behilft sich mit der sogenannten Parametrisierung, bei der die Wolken-Eigenschaften in den Gitterzellen aus den physikalischen Größen an den Gitterknoten als Durchschnittswerte abgeleitet werden.

Probleme bei der Bestimmung der Antriebsfaktoren

Eine grundlegende Unsicherheit bei Klimaprognosen besteht darin, dass die Veränderung der atmosphärischen Treibhausgaskonzentrationen in den nächsten 50 bis 100 Jahren nicht mit ausreichender Sicherheit vorhergesagt werden kann. Das hat zwei Gründe. Der erste liegt in der Schwierigkeit, den globalen Kohlenstoffkreislauf genau genug abzuschätzen, der den Austausch und die Speicherung von CO_2 zwischen Atmosphäre, Ozean und Biosphäre beschreibt. Auch hier gibt es komplizierte Rückkopplungsprozesse. Die Zunahme der CO_2-Konzentration in der Atmosphäre und die durch sie bedingte Temperaturerhöhung fördern z. B. das Wachstum der Pflanzen durch ein erhöhtes Kohlenstoffangebot (die sogenannte CO_2-Düngung) und verlängerte Wachstumszeiten in höheren Breiten. Dadurch nimmt die Biosphäre zusätzlich Kohlendioxid aus der Atmosphäre auf, was den Konzentrationsanstieg von CO_2 verlangsamt, so dass es zu einer negativen Rückkopplung kommt.

Der zweite Grund ist kein direktes Problem der Klimamodellierung, sondern der Voraussetzungen, die in sie eingehen. Er liegt darin, dass die künftige Emissionsentwicklung der Treibhausgase auf Annahmen basiert, da sie von Faktoren wie Entwicklung der Weltbevölkerung, des Wirtschaftswachstums, der Veränderung der Energiepreise, des Energiemixes usw. abhängt. Den Klimaprognosen werden daher verschiedene Szenarien zugrunde gelegt, die auf unterschiedlichen Annahmen über die demographische, wirtschaftliche und energiepolitische Entwicklung basieren. Sie enthalten daher immer Wenn-dann-Aussagen. Als „business as usual" („weiter wie bisher") wird das 1992 vom IPCC unter der Bezeichnung IS92a aufgestellte und 1995 weiterentwickelte wahrscheinlichste Szenario für das nächste Jahrhundert bezeichnet. Die Emission von Kohlenstoff z. B. wird sich nach diesem Szenario von gegenwärtig knapp 8 Gt C/a auf ca. 20 Gt C/a im Jahre 2100 steigern und die CO_2-Konzentration von z. Zt. 365 ppm auf 720 ppm erhöhen. Das IPCC-Szenario IS92e liegt weit über diesen Werten, das Szenario IS92d deutlich darunter.

Tabelle 7.1: Annahmen ausgewählter IPCC-Szenarien

Bezeichnung	Weltbevölkerung 2100	Wirtschaftswachstum	Energieverbrauch
IS92a	11,3 Milliarden	1990-2025: 2,9% 1990-2100: 2,3%	12000 EJ Öl 13000 EJ Gas Solarenergie: $ 0,075/kWh
IS92d	6,4 Milliarden	1990-2025: 2,7% 1990-2100: 2,0%	8000 EJ Öl 7000 EJ Gas Solarenergie: $ 0,065/kWh
IS92e	11,3 Milliarden	1990-2025: 3,5% 1990-2100: 3,0%	18400 EJ Öl 13000 EJ Gas Kernenergie: bis 2075

7.5 Fazit

Das Klimasystem ist ein nichtlineares System, das erstens eine sehr komplexe natürliche Variabilität aufweist und zweitens kein geschlossenes System darstellt, sondern externen Einflüssen unterliegt. Klimamodelle sind wie alle Modelle vereinfachte Darstellungen der Realität. Und Klimamodelle sind geschlossene Systeme. In diesem Unterschied zwischen Modell und Realität liegen, sehr allgemein betrachtet, die Schwierigkeiten begründet, das Klima der Erde und seine Veränderungen realitätsnah in Modellen abzubilden. Andererseits sind auch die Erkenntnisbilder des menschlichen Gehirns nichts anderes als Modelle oder Konstruktionen der Realität. Was wir erkennen und einsehen, ist nie die Wirklichkeit selbst, sondern immer nur ein modellhaftes Konstrukt. Computer gestützte Klimamodelle können insofern auch als objektivierte Erkenntniskonstrukte unseres Wissens über das Klimasystem und seine Veränderungen angesehen werden. Sie sind daher einerseits wie jede Methode der Erkenntnis mit Fehlern und Mängeln behaftet, die die Wirklichkeit verstellen und vielleicht sogar verfälschen können, sie sind andererseits aber auch ein wertvolles Instrument der Einsicht in diese Wirklichkeit.

Die Mängel der Klimamodelle liegen, wie oben dargestellt, zum einen in den Eigenschaften der Modelle selber begründet, so in der Schwierigkeit, Ozean- und Atmosphärenmodelle zu koppeln, die zu der sogenannten „Klimadrift“ führt und eine Flusskorrektur erforderlich macht.[1] Sie betreffen zweitens die durch die Begrenzung der Computer-Ressourcen bedingte Schwierigkeit, bestimmte kleinräumige Eigenschaften des Klimasystems und seiner Veränderungen wie Rückkopplungsprozesse an Wolken oder regionale Klimaänderungen über größere Zeiträume korrekt wiederzugeben. Und sie haben drittens bei Prognosen zukünftiger anthropogener Klimaentwicklung mit dem Problem zu tun, dass sie auf Annahmen über externe Faktoren wie die künftige Entwicklung der Bevölkerung oder des Weltwirtschaftswachstums angewiesen sind.

Trotz dieser Mängel gibt es zu der Simulation des Klimas und seiner zukünftigen Entwicklung in Computermodellen keine vernünftige Alternative. Das Klimageschehen ist zu komplex, um es in Laborexperimenten abzubilden. Die einzige Alternative wäre, das ungewollt begonnene Experiment mit der Erde jetzt im vollen Bewusstsein seiner möglichen Konsequenzen weiterlaufen zu lassen. Heutige Klimamodelle besitzen aber soviel Erkenntnispotential, dass sich ein solches Verhalten als unverantwortlich verbietet. Der entscheidende Grund, den Modellprognosen über die Temperaturzunahme in den nächsten Jahrzehnten eine große Bedeutung einzuräumen, liegt in der Fähigkeit der Modelle, das gegenwärtige Klima realistisch zu simulieren. Dazu gehört auch die Simulation jahreszeitlicher Schwankungen und der kurzfristigen natürlichen Schwankungen. So sind heutige Klimamodelle in der Lage, die klimatischen Auswirkungen von Vulkanausbrüchen richtig darzustellen sowie El-Niño-Ereignisse und ihre Auswirkungen vorherzusagen.

---

[1] Allerdings gibt es auch schon Rechnungen ohne Flusskorrektur: Wood, R.A. et al. (1999): Changing spacial structure of the thermohaline circulation in response to atmospheric CO_2 forcing in a climate model, nature, 399, 572–575

8. Ausblick

Die beiden wichtigsten Ergebnisse der Forschung zum anthropogenen Klimawandel sind
1. dass die Erwärmung der letzten 100 Jahre um 0,6 °C mit hoher Wahrscheinlichkeit durch den Menschen verursacht worden ist,
2. dass die globale Durchschnittstemperatur in den nächsten 100 Jahren wahrscheinlich noch einmal um 2–3 °C steigen wird, wenn keine Gegenmaßnahmen ergriffen werden.

Damit ist zum einen eine Schuldzuweisung formuliert und die Frage nach der Verantwortung und nach angemessenen klimapolitischen Maßnahmen gestellt. Zum anderen sind damit Aussagen über lediglich wahrscheinliche und globale Veränderungen gemacht, die für ein politisches Eingreifen eine problematische Grundlage darstellen. Politik ist in hohem Maße von der Zustimmung der Öffentlichkeit abhängig. Die Öffentlichkeit fühlt sich aber von Aussagen über mögliche globale Klimaänderungen kaum betroffen. Erst wenn die globalen Veränderungen herunterbuchstabiert werden auf lokale und regionale Folgen, die mit einer hohen Wahrscheinlichkeit eintreten könnten, kann mit einer öffentlichen Reaktion auf die Gefahr eines künftigen Klimawandels gerechnet werden. Das hat sich an den bisherigen Reaktionen auf extreme Wetterereignisse gezeigt, die als Folge der globalen Klimaveränderung durch den Menschen verstanden wurden. So hat erst die extreme Dürre 1988 in den USA den menschengemachten Treibhauseffekt auf die politische Agenda gesetzt. In Europa haben etwa die Stürme Anfang der 90er Jahre in Norddeutschland und um die Weihnachtszeit des Jahres 1999 in Frankreich und Süddeutschland, die Extremhochwasser-Ereignisse an Rhein, Main und Neckar 1993 und 1995 oder die Lawinenkatastrophen Anfang 1999 in den Alpen ähnliche Wirkungen gehabt. Aus dem prognostizierten globalen Klimawandel des 21. Jahrhunderts wird daher erst dann eine nachhaltige Klimapolitik resultieren, wenn gezeigt werden kann, welche lokalen und regionalen Folgen damit verknüpft sind.

Die Forschung hat auf dieses Bedürfnis der Öffentlichkeit und der Politik durchaus reagiert. Die Berichte des Intergovernmental Panel of Climate Change (IPCC) behandeln in gesonderten Berichten auch die Folgen des globalen Klimawandels.[1] In Deutschland ist mit dem Potsdam-Institut für Klimafolgenforschung (PIK) ein eigenes Forschungszentrum zu dieser Thematik entstanden. Zentrale Themen der Klimafolgenforschung sind der Einfluss eines möglichen Klimawandels auf die Vegetation und die Landwirtschaft, auf die Verbreitung von Krankheiten wie der Malaria, auf die Intensität und die Häufigkeit von Wetterextremen und auf die Höhe des Meeresspiegels. Welche enorme ökonomische Bedeutung das Wissen über diese und andere mögliche Klimafolgen besitzt, zeigt nicht zuletzt die Reaktion der Versicherungswirtschaft auf die Nachricht vom menschengemachten Treibhauseffekt und seinen Konsequenzen.[2] Auch im Falle der Klimafolgen besteht allerdings das Problem der Vermittlung von Forschungsergebnissen an die Öffentlichkeit. Und noch mehr als die Wissenschaft des globalen Klimawandels hat es die Klimafolgenforschung mit dem Problem der

---

[1] Vgl. etwa WATSON, R.T. et al. (1996): Climate Change 1995: Impacts, Adaptions and Mitigations of Climate Change: Scientific-Technical Analyses. Cambridge; WATSON, R.T. et al. (1998): The Regional Impacts of Climate Change. An Assessment of Vulnerability, Cambridge

[2] BERZ, G. (1998): Klimaveränderungen: Auswirkungen auf die Versicherungswirtschaft und Handlungsoptionen, in: LOZAN, J.L. u.a.: Warnsignal Klima. Mehr Klimaschutz – weniger Risiken für die Zukunft, Hamburg, 400–406

Unsicherheit zu tun. Das ist zum einen darin begründet, dass sie auf den Ergebnissen der Wissenschaft über globale Klimaänderungen mit deren Unsicherheiten aufbaut, zum anderen damit, dass sie Aussagen über Gebiete mit Durchmessern von wenigen 100 Kilometern oder darunter benötigt, die gegenwärtige Klimamodelle kaum machen können, und zum dritten mit den komplexen (Rückkopplungs-)Prozessen ihres Untersuchungsgegenstands, zu denen auch die gesellschaftliche Reaktion auf die Klimaproblematik aufgrund der Warnungen der Klimaforschung gehört.

Dennoch muss die Gesellschaft und muss eine verantwortliche Klimapolitik mit solchen Unsicherheiten umgehen lernen, die schließlich typisch sind für die Nebenfolgen der modernen Industriegesellschaft und ihrer Großtechnologie insgesamt. Verantwortliches Handeln kann nicht umhin, in den Fällen der Nutzung etwa der Kernenergie, der Gentechnik oder im Falle des anthropogenen Klimawandels nach dem Vorsorgeprinzip zu verfahren und auch auf hypothetische, d.h. möglicherweise bestehende, aber nicht konkret nachweisbare Gefahren zu reagieren. Im Falle des Klimawandels kommt noch eine grundlegend neue Qualität von Umweltrisiken hinzu, die Globalität.[3] Klimapolitik kann daher nur im globalen Rahmen stattfinden. Dabei hat sie es allerdings mit dem besonderen Problem zu tun, dass durch menschliches Verhalten das Klima zwar weltweit verändert wird, dass aber Ursachen und Folgen regional differenziert sind. Die Hauptverursacher sind immer noch die entwickelten Industriestaaten und die OPEC-Staaten als Öllieferanten. Sie verhalten sich gegenüber Forderungen zur Reduzierung von Treibhausgasen entsprechend reserviert. Die Hauptbetroffenen sind wahrscheinlich vor allem Länder der Dritten Welt; allerdings in sehr unterschiedlichem Maße und mit wachsender Beteiligung an der Verursachung. Bei der Frage nach Betroffenen und Verursachern des anthropogenen Klimawandels spielt zudem der Unsicherheitsfaktor eine sehr unterschiedliche Rolle. Die wichtigsten Emittenten von klimawirksamen Gasen sind anhand von Energieverbrauchs-Statistiken relativ leicht feststellbar. Welche Staaten aber künftig am meisten unter den Folgen des Klimawandels zu leiden haben werden, kann nur aus Wahrscheinlichkeitsaussagen abgeleitet werden. Daraus resultiert eine Gemengelage von Interessen, die eine konsequente weltweite Klimapolitik so ungeheuer schwierig macht. Der Wissenschaft kommt dabei die Rolle der Definitionsmacht zu, an der sich Klimapolitik im Streit der Interessen zu orientieren sucht. Ihre Ergebnisse der Öffentlichkeit zugänglich zu machen liegt daher auch im Interesse demokratischer Politik-Entscheidungen.

---

[3] BECHMANN, G. u.a. (1996): Sozialwissenschaftliche Konzepte einer interdisziplinären Klimawirkungsforschung, Karlsruhe, S. 163

Benutzte Literatur

ANDERS, G. (1956): Die Antiquiertheit des Menschen. Bd.1, München

BECHMANN, G. u.a. (1996): Sozialwissenschaftliche Konzepte einer interdisziplinären Klimawirkungsforschung, Karlsruhe

BECK, U. (1986): Risikogesellschaft. Auf dem Weg in eine andere Moderne, Frankfurt a. M.

BECK, U. (1997): Was ist Globalisierung?, Frankfurt a. M

BECK, U., GIDDENS, A., LASH S. (1996): Reflexive Modernisierung, Frankfurt a. M.

BENGTSSON, L. (1996): The Climate Response to the Changing Greenhaouse Gas Concentration in the Atmosphere, in: ANDERSON, L. T. and WILLEBRAND, J. (eds.): Decadal Climate Variability. Dynamics and Predictability, Berlin/Heidelberg, 293–332

BENGTSSON, L. (1997): Modelling and Prediction of the Climate System, in AvH-Magazin 69, 3–14

BIEBER, H. (1997): Wahrheit und Wahrnehmung - Die Kluft zwischen wissenschaftlicher Erkenntnis und publizistischer Vermarktung, in: BARZ, W. u. a.: Globale Umweltveränderungen. Symposium am 17. und 18. Juni 1996 in Münster, Landsberg, 233–242

BJERKNES, J. (1966): A possible response of the atmospheric Hadley Circulation to equatorial anomalies of ocean temperature; Tellus, 18, 820–829

BROECKER, W. S. et al. (1985): Does the ocean-atmosphere system have more than one stable mode of operation?, nature, 315, 21–26

BROECKER, W. S. (1991): The great ocean conveyor, Oceanography 4, 79–91

BROECKER, W. S. (1996): Plötzlicher Klimawechsel, Spektrum der Wissenschaft, Januar 1996, 86–92

BROECKER, W. S. (1997): Thermohaline Circulation, the Achilles Heel of Our Climate System: Will Man-Made CO_2 Upset the Current Balance?, science, 278, 1582-1588

CHARLSON, R. J., Wigley T. M. L. (1994): Sulfat-Aerosole und Klimawandel, in: Spektrum der Wissenschaft, April 1994, 46–53

CUBASCH, U. (1992): Das Klima der nächsten hundert Jahre. Szenarienrechnungen mit dem gekoppelten globalen Ozean-Atmosphärenmodell aus Hamburg, Phys.Bl 48, Nr.2, 85–89

CUBASCH, U. (1994): Dynamisch-stochastische Vorhersage-Experimente mit Modellen der allgemeinen Zirkulation für einen Zeitraum von 10 Tagen bis 100 Jahren, MPI-Examensarbeit Nr.19, Hamburg

CUBASCH, U. (1995a): Klimamodelle – wo stehen wir? Erreichtes und Probleme bei der Vorhersage und dem Nachweis anthropogener Klimaänderungen mit globalen Klimamodellen, Phys.Bl. 51, Nr.4, 269–276

CUBASCH, U. et al. (1995b): A climate change simulation starting from 1935, Climate Dynamics, 11, 752–762

CUBASCH, U. et al. (1996a): Estimates of climate change in Southern Europe using different downscaling techniques, Climate Research, 7, 129–149;

CUBASCH, U. et al. (1996b): Simulation with an O-AGCM of the influence of variations of the solar constant on the global climate. Climate Dynamics, 13, 757–767

CUBASCH, U. et al. (1997): Klimamodelle und Klimasimulation, in: BARZ, W. u.a.: Globale Umweltveränderungen. Symposium am 17. und 18. Juni 1996 in Münster, Landsberg, 37–57

DIETRICH, G. u.a. (1967): Allgemeine Meereskunde. Eine Einführung in die Ozeanographie. 3. Aufl., Stuttgart

DICKSON, K. W. et al. (1988): The "Great Salinity Anomaly" in the Northern north Atlantic 1968-1982, Prog.Oceanogr., 20, 103–151

DIXON, K. W. et al. (1999): The influence of transient surface fluxes on North Atlantic overturning in a coupled GCM climate change experiment, Geophysical Research Letters 26 (17), 2749–2752

FEICHTER, J. u.a. (1997): The atmospheric sulfur cycle in ECHAM-4 and its impact on the shortwave radiaion, in: Climate Dynamics 13, 235–246

GRAßL, H. u.a. (1993): Modellierung anthropogener und natürlicher Klimaänderung, Naturwissenschaften 80, 247–257

GRAßL, H. (1995): Der veränderte Energiehaushalt der Erde. Globale und regionale Klimaänderung durch den Menschen, Phys.Bl. 51, Nr.6, 487–492

GRAßL, H. (1999): Wetterwende. Vision: Globaler Klimaschutz, Frankfurt a. M./New York

HABERMAS, J. (1985): Die Neue Unübersichtlichkeit, Frankfurt a.M.

HABERMAS, J. (1998): Die postnationale Konstellation. Politische Essays, Frankfurt a. M.

HANSEN, J. E. et al. (1997): Radiative forcing and climate response, J. Geophys. Research 102, 6831–6864

HASSELMANN, K. (1997): Multi-pattern fingerprint method for detection and attribution of climate change, Climate Dynamics, 13, 601–612

HEGERL, G. C. et al.(1997): Multi-fingerprint detection and attribution of greenhouse gas- and aerosol forced climate change, Climate Dynamics 13, 613–634

HEIN, R. u.a. (1997): An inverse modeling approach to investigate the global atmospheric methan cycle, Global Biogeochem. Cycles, 11, 43–76

HOUGHTON, J. T. et al. (1990): Climate Change, The IPCC Scientific Assessment, Cambridge

HOUGHTON, J. T. et al. (1992): Climate Change 1992, Cambridge

HOUGHTON, J. T. et al. (1996): Climate Change 1995. The Science of Climate Change. Cambridge

HOUGHTON, J. T. et. al. (1996): Climate Change 1995. The Science of Climate Change, Summmary for Policymakers and Technical Summary of the Working Group I Report, o.O.

HOYNINGEN-HUENE, W. v. u.a. (1998): Kurzwelliger Klimaantrieb durch Waldbrände in Südostasien, in: Geographische Rundschau 50, 120

HOYT, D. V. and Schatten, K. H. (1993): A discussion of plausible solar irradiance variations, 1700-1992, J.Geophys. Res. 98, 18895–18906

JONAS, H. (1985): Technik, Medizin und Ethik, Frankfurt a.M.

JONES, P. D. (1994): Recent warming in global temperature series, Geophysical Research Letters, 21, 1149–1152

JONES, P. D. (1999): Surface air temperature and ist changes over the past 150 years, Rev. In Geophysics 37, 173–199

JONES, P. D. and BRIFFA, K. R. (1992): Global surface air temperature variations during the twentieth century: Part 1, spatial, temporal and seasonal details, Holocene, 2, 165–179

JOOS, F. and SARMIENTO, J. L. (1995): Der Anstieg des atmosphärischen Kohlendioxids, Phys.Bl.51/5, 405–411

KANT, I. (1956): Kritik der reinen Vernunft, Würzburg

KEELING, R. F. et al.(1996): Global and hemispheric CO_2 sinks deduced from changes in atmospheric O_2 concentration, nature 381, 218–221

LAL, M. et.al. (1995): Effect of transient increase of greenhouse gases and sulphate aerosols on Monsoon climate, Current Science, 69, 752–762

LATIF, M. (1998): El Niño/Southern Oscillation, Hamburg (unveröffentlichtes Manuskript), auch: http://www.dkrz.de

LATIF, M. and ROECKNER, E. (1999): Tropical Stabilisation of the Thermohaline Circulation in a Greenhouse Warming Simulation, Max-Planck-Institut für Meteorologie, Report No. 299

LOHMANN U. and FEICHTER, J. (1997): Impact of sulfate aerosols on albedo and lifetime of clouds: A sensitivity study with the ECHAM4 GCM, in: J. Geophys. Research 100, 13685–13700

MACHENHAUER, B. et al. (1996): Validation of present-day regional climate simulations over Europe, MPI-Report 191

MANABE, S. and STOUFFER, R. J. (1999): The role of thermohaline circulation in climate, Tellus, 51A, 91–109;

MANN, M. E. et al. (1998): Global-scale temperature patterns and climate forcing over the past six centueries, nature, 392, 779–787

MENZEL, U. (1998): Globalisierung versus Fragmentarisierung, Frankfurt a. M.

MIKOLAJEWCZ, U. and MAIER-REIMER, E. (1990): Internal secular variability in an OGCM, Clim. Dyn., 4, 145–156

MIKOLAJEWICZ, U. and VOSS, R. (1998): The role of the individual air-sea flux components in CO- induced changes of the ocean's circulation and climate, Max-Planck-Institut für Meteorologie, Report No. 263

OBERHUBER, J. M. et al.(1998): Predicting the '97 El Niño event with a global climate model; in: Geophysical Reseach Letters, Vol.25, No.13, 2273–2276

POVEDA, G. et al. (2000): Climate and ENSO Variability Assoyiated with Vector-Borne Diseases in Columbia, in: DIAZ, H. F. et al.: El Niño and the Southern Oscillation, Multiscale Variability and Global and Regional Impacts, Cambridge, 183–204

RAHMSTORF, S. (1996): On the freshwater forcing and transport of the Atlantic thermohaline circulation, Climate Dynamics, 12, 799–811

RAHMSTORF, S. (1997): Risk of sea-change in the Atlantic, nature vol.388, 825–826

RAHMSTORF, S. (1999): Shifting seas in the greenhouse?, nature 399, 523–524

RAMASWAMY, V. (1996): Fingerprint of ozone depletion in the spatial and temporal pattern of recent lower-stratospheric cooling, nature, Vol 382, 616–618

REVELLE, R. and SÜSS, H. E. (1957): Carbon dioxide exchange between atmosphere and ocean and the question of an increase of atmospheric CO_2 during past and present decades, Tellus 9, S.18–27

ROECKNER, E. et al. (1999): Transient climate change simulations with a coupled atmosphere ocean GCM including the tropospheric sulfur cycle, J. Climate, 12, 3004–3032

ROELOFS, G.-J. et al. (1998): Model Simulations of the Changing Distribution of Ozone and its Radiative Forcing of Climate: Past, Present and Future, MPI-Report No.283

SCHILLER, A. et al. (1996): The stability of the thermohaline circulation in a coupled ocean-atmosphere general circulation model, Climate Dynamics, 13, 325–347

SCHMITT, R. W. (1995): The ocean component of the global water cycle. Rev.of Geophysics, Suppl., July 1995, 1395–1409

SCHÖNWIESE, C.-D. (1995): Klimaänderungen. Daten, Analysen, Prognosen, Berlin/Heidelberg
SCHÖNWIESE, C.-D. (1997): Der Treibhauseffekt ist kein Märchen, Frankfurter Rundschau 3.8.1997
SCHULT, I. et al. (1997): Effect of black carbon and sulfat aerosols on the Global Radiation Budget, J.Geophys. Res. Atmos., 102, 30107–30117
SEILER, W. und HAHN, J. (1998): Der natürliche und anthropogene Treibhauseffekt - Veränderung der chemischen Zusammensetzung der Atmosphäre durch menschliche Aktivitäten. In: LOZAN, J. L. u.a. (Hrsg.): Warnsignal Klima. Wissenschaftliche Fakten, Hamburg, 114–121
SIEGENTHALER, U. and SARMIENTO, J. L. (1993): Atmospheric carbon dioxide and the ocean, nature 365, 119–125
Stand der Klimaforschung. Ein Statusbericht des Wissenschaftlichen Beirates der Bundesregierung, München 1996
STEHR, N. und STORCH, H. v. (1999): Klima, Wetter, Mensch, München
STORCH, H. v. u.a. (1999): Das Klimasystem und seine Modellierung.Eine Einführung, Berlin/Heidelberg

THOMAS, P. (1994): Zu wenig Ozon in der Stratosphäre; in: Praxis der Naturwissenschaften - Chemie, 4/43, 9–14
TIMMERMANN, A. et al. (1998): ENSO Response to Greenhouse Warming, Max-Planck-Institut für Meteorologie, Report No. 251
TIMMERMANN, A. et al. (1998): North Hemispheric Interdecadal Variability: A Coupled Air-Sea Mode, Journal of Climate, Vol. 11, 1906-1931
TIMMERMANN, A. et al. (1999): Increased El Niño frequency in a climate model forced by future greenhouse warming, nature, 398, 694–696
TRENBERTH, K. E. (1997): The use and abuse of climate models, nature 386, 131-133
Trends `93 (1994): A Compendium of Data on Global Change, Oak Ridge

Umweltbundesamt (1997): Daten zur Umwelt. Der Zustand der Umwelt in Deutschland. Ausgabe 1997. Berlin, S.106.

WAHNER, A. (1998): Ozonrückgang in der Stratosphäre; in: LOZAN, J. L. u.a. (Hrsg.): Warnsignal Klima. Wissenschaftliche Fakten, Hamburg, 132-137
WEAVER, A. J. (1995): Driving the ocean conveyor, nature 378, 135–136
WEISSE, R. (1994): Nordatlantische Variabilität in einem Ozeanzirkulationsmodell im Zeitbereich von Dekaden, Max-Planck-Institut für Meteorologie, Examensarbeit Nr.24
WOOD, R. A. et al. (1999): Changing spacial structure of the thermohaline circulation in response to atmospheric CO_2 forcing in a climate model, nature, 399, 572–575

ZAUCKER, F. and BROECKER, W. S. (1992): The Influence of Atmospheric Moisture Transport on the Fresh Water Balance of the Atlantic Drainage Basin: General Circulation Model Simulations and Observations, Journal of Geophysical Research, Vol.97, No.D3, 2765–2773
ZWICK, A. (1997): Climate Change Research and Policy: Updates, o.O.
ZWICK, A. et al. (1997): The Indonesian forest fire. Special Note, EC-JRC-Institute for Prospective Technological Studies. Seville

Internetseiten

Deutsches Klimarechenzentrum (DKRZ)
http://www.dkrz.de

Max-Planck-Institut für Meteorologie
http://www.mpimet.mpg.de/

Potsdam-Institut für Klimafolgenforschung e.V. (PIK)
http://www.pik-potsdam.de

AWI (Alfred Wegener Institute)
http://www.awi-bremerhaven.de/

Deutscher Wetterdienst (DWD)
http://www.dwd.de/

The Intergovernmental Panel on Climate Change (IPCC)
http://www.ipcc.ch/

World Meteorological Organization (WMO)
http://www.wmo.ch/

Hadley Centre
http://www.meto.govt.uk/sec5/sec5pg1.html

National Oceanic and Atmospheric Administration (NOAA)
http://www.noaa.gov/

National Aeronautics and Space Administration (NASA):
Global Change Master Directory
http://gcmd.gsfc.nasa.gov/

Index

L

M

PGM – die Zeitschrift

Das Heft zum Thema „Klimawandel"

144. Jahrgang • Heft 4/2000 **Klimawandel**

Zum Inhalt

W. KUTTLER & E. ZMARSLY
Natürlicher und anthropogener Treibhauseffekt – Ursachen und Auswirkungen

J. BENDIX, A. BENDIX & M. RICHTER
El Niño 1997/1998 in Nordperu: Anzeichen eines Ökosystemwandels?

H. ELSASSER, R. BÜRKI & B. ABEGG
Klimawandel und Schneesicherheit

R, GLASER, C, BECK & U. BEYER
Vom mittelalterlichen Wärmeoptimum über die Kleine Eiszeit ins moderne Treibhausklima

J. HERGET
Klimaänderungen in Mitteleuropa seit dem Tertiär

K.-W. BOLDT
Steuerung der globalen Klimavariabilität der letzten 60 Mio. Jahre und ihre methodische Erfassung

Forschung und Wissen aus 1. Hand!

ISBN 3-623-08074-8

Perthes GeographieKompakt –

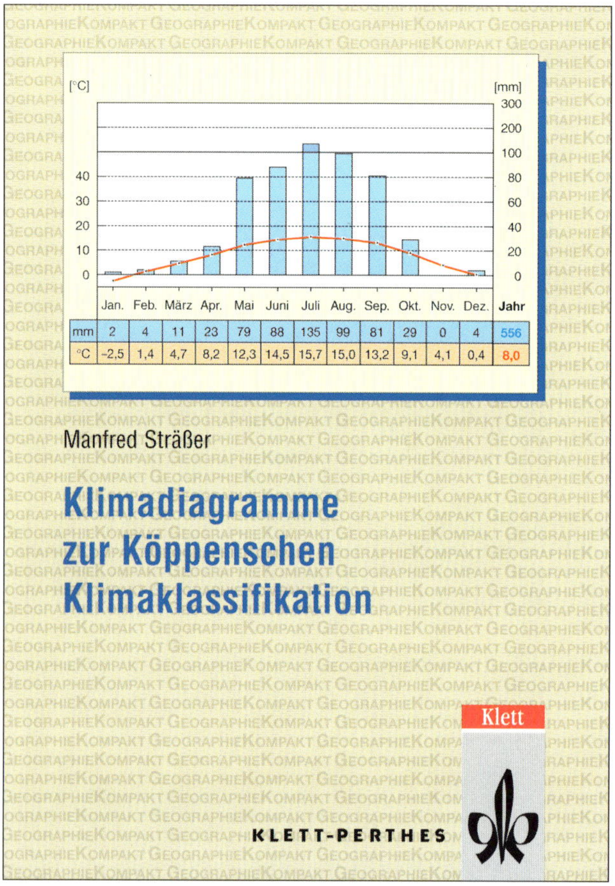

Manfred Sträßer

Klimadiagramme zur Köppenschen Klimaklassifikation

96 Seiten, 10 Karten,
201 Klimadiagramme

ISBN 3-623-00768-4

Die von dem Meteorologen und Klimatologen Wladimir Köppen (geb. 1846 in St. Petersburg, gest. 1940 in Graz) zu Beginn unseres Jahrhunderts entwickelte Klimaklassifikation hat sich trotz zahlreicher Versuche der Verbesserung und der Neuentwicklung bis heute als diejenige erwiesen, die bei Geowissenschaftlern weltweit die größte Verbreitung und die höchste Akzeptanz findet.

Der Autor des Buches erläutert den Aufbau der Köppenschen Klimaformel, mit deren Hilfe über Schwellenwerte der Temperatur und der Niederschlagsmenge Klimatypen bestimmt werden können. Die Klimate der Erde werden gemäß dieser Klassifikation systematisch dargestellt und durch mehr als 200 Klimadiagramme charakteristischer Stationen bzw. mittels sechs kontinentaler Klimakarten veranschaulicht.

die preiswerte Reihe

Kurt Baldenhofer

Lexikon des Agrarraums

448 Seiten, zahlreiche Tabellen und Abbildungen

ISBN 3-623-00850-8

Agrarisch genutzte Räume repräsentieren den größten Teil der vom Menschen in Wert gesetzten Landfläche. Ihre Vielgestaltigkeit ist der Ausdruck unterschiedlichster Naturbedingungen und des kulturell und gesellschaftlich geprägten Wirkens des Menschen.

Die Gestaltung wie auch die analytische Betrachtung des Agrarraums liegt in den Händen vieler gesellschaftlicher Gruppen, nationaler und transnationaler Unternehmen, Organisationen, politischer Einheiten und wissenschaftlicher Fachdisziplinen.

Das Lexikon versucht mit seinen Stichworten ein weites Spektrum der auf den Agrarraum wirkenden Einflussfelder einzubeziehen, auch wenn der agrargeographische Blickwinkel im Vordergrund steht. Der räumliche Schwerpunkt liegt in Mitteleuropa.